杜拉克定律

郭台銘說：

我不知道什麼是所謂的「成功的領導」，

但我知道什麼是「不成功的領導」；

就是不身先士卒的領導，

希望討好每一個人的領導，

朝九晚五的領導，

賞罰不分的領導。

Peter Drucker
杜拉克定律

林郁 主編

前言

何謂「成功管理」？管理是最讓人頭痛的事。不懂管理，就搞不好企業。資金差不多的公司，為什麼有的能夠蒸蒸日上，有的卻怎麼都活不下去，到處像亂麻一樣，「解不開，理還亂」？很顯然，是管理出了問題。一般來說，管理不好的企業肯定是一家沒有效益的企業，終將被淘汰出局。

任何一位企業的管理人最害怕的事就是被淘汰出局，因為這意味著徹底失敗。因此，有很多管理人就想在「管理」上打主意、動腦筋，試圖改變人力資源結構，把工作程序合理化，減少不必要的障礙，同時熱切希望從每一個員工的大腦裏挖掘出聰明才智，從他們的身上調動出使不完的幹勁，最終使公司的利潤指數呈直線上升。

可以說，每一個管理人都在不遺餘力地探究「管理」的訣竅。但是，如何掌握其中之奧妙卻眾說紛紜，相關的哲學與藝術也是仁者見仁，智者見智。

在浩如煙海的企業管理理論中，美國當代管理大師彼得・杜拉克的管理思想以其實用性、系統性與前瞻性為世人所稱道，並被尊為現代管理之父。半個世紀以來，杜拉克在《哈佛商業評論》上發表的文章激勵並教育了全世界的管理人，甚至影響了商業活動的規則。

《哈佛商業評論》譽為「當代不朽的管理思想大師」。

《經濟學人周刊》尊其為「管理大師中的大師」。

「商界教皇」湯姆・彼得斯認為：「在杜拉克之前，並無真正的管理學的存在。」

《華爾街日報》認為：「杜拉克是企業管理的導師，他的理論是世界公認的條理清晰、最具體可行的管理經典。」

杜拉克著有數十部有關管理方面的專著，並被譯成 20 多種文字，在世界各國廣為傳播。卓越的學術成就給他帶來 20 多個名譽博士學位和無數個獎項。但他受到的最大讚譽還是來自企業界。世界 IT 巨頭美國英特爾公司總裁葛洛夫說：「彼得·杜拉克是一盞指引我們的明燈，他的著作讓我們走出迷霧，找到方向。」

杜拉克運用獨特的分析手法向世人展示了工作職場中巨大變革的軌跡，幫助人們更清楚地理清管理人在平衡變革與連續性的努力過程中所應扮演的角色。其管理思想常常給人們帶來精神上的震撼。

他大膽地提出管理人要克服自身的惰性，具有不斷變革的勇氣。他的言語切中要害又要而不煩，常有出人意料的奇思異想，但又總是落到實處，可以讓取法者即時行動起來以求改善管理，因而深受一線管理人的歡迎。

本書以杜拉克的管理思維出發，將杜拉克的管理密碼一一詮釋解密，並且以現代語言，演繹出大師的管理訣竅以及如何活學活用。如果你能掌握其中的重點並運用自如，便能在最少的時間內獲得最大的成功。

第一章｜怎樣成為「領頭羊」？

自己到底扮演什麼角色？ 019

・誰是真正的管理者？ 019

・成功管理者的標誌 022

成功，從掌握自己的時間開始 025

・做自己時間的主人不容易 025

・由診斷入手，加強時間管理 028

・對症下藥，減少時間之浪費 031

・集中利用可供支配的「自由時間」 033

・重要的事情先做 035

發揮人之所長 038

・從長處著眼，配備屬下 039

・巧妙運用上級的強項 042

責任心是管理者的首要素質 043

・正直的品格 043

・公私分明 044

第二章｜怎樣進行人力資源管理？

人力資源是第一資源 045

・公司和人才是一個有機的整體 046

・人人都是管理者，員工是公司的合夥人 047

・擁有大批一流人才是競爭取勝的關鍵 048

- 經營之根本是造就人 049
- 忠誠+才能=公司的棟梁 051

為員工鋪就晉升的階梯 052

- 杜拉克選人的五種模式 052
- 人才誠可貴，伯樂價更高 054
- 引進活水，公開招聘 055
- 年輕意味著創新與活力 055

為了明天之需要培養人才 056

- 選擇合適的培訓模式 057
- 按照不同之層次，培養不同之人才 060
- 進修教育—公司與學校融為一體 061
- 走系統化的人才培養之路 063
- 1美元的培訓費用會帶來40美元的效益 066

企業精神是良好業績的根源 067

- 滿足員工自我實現的欲望 067
- 聽取下屬的建議，讓員工暢所欲言 070
- 讓員工選擇自己喜歡做的事 071
- 營造屬於自己的企業文化 072

不做一人當家的「寡婦」 074

- 杜拉克合理授權三原則 075
- 平衡下屬的權利與責任 077
- 讓下屬充分發揮想像力和創造力 079

幹好、幹壞絕不一樣 080

- 激勵的基本原則：獎勵與實績掛鉤 080
- 激勵的根本目的：使員工眾志成城 081
- 激勵的最佳方法：目標激勵 083

人事決策如走鋼絲 084

- 人事決策乃公司之大事，不可不察 084
- 人事決策的四條準則 085
- 人事決策的五個步驟 086

第三章｜成功的戰略運籌與決策

宗旨及使命：戰略運籌與決策的出發點 089

- 本企業是一家什麼企業？ 090
- 誰是我們的顧客？ 092
- 本企業將是一家什麼企業？ 095
- 本企業應該是一家什麼企業？ 096
- 確立企業宗旨和使命的兩點要求 097

企業目標：戰略運籌與決策的歸宿點 099

- 將企業宗旨與使命轉化成戰略目標 100
- 將戰略目標細化為可操作性的具體目標 103
- 正確地運用企業目標 104

經營理念：戰略運籌與決策的依據 105

- 經營理念具有巨大的威力，但必須隨時勢而變化 106
- 構建屬於你自己的經營理念 107
- 預防經營理念失效的措施 109

- 及早診斷並校正經營理念 110
- 管理人的先見之明在於抓住經營理念的運籌 112

基礎性決策：戰略運籌與決策的主要內容 113

- 確定企業的經營概念 113
- 明確企業的獨特長處 114
- 確定優先的行動次序 114

系統程序：戰略運籌與決策正確有效的保障 115

- 弄清問題所在 116
- 對問題進行分析 116
- 制訂可供選擇的方案 117
- 尋找最佳解決方案 118
- 使決策生效 119

戰略計畫：戰略運籌與決策順利實施的前提 121

- 處理好戰略計畫與短期目標的關係 121
- 走出戰略計畫認識上的四個「誤區」 122
- 戰略計畫必須跳出「昨天」的圈子 123
- 「控制」與「回饋」：避免「紙上談兵」的有效手段 124
- 計畫的實施離不開有效的管理 125

第四章｜怎樣構建企業組織結構？

準備構建組織所需的「磚瓦」 128

- 從關鍵業務分析入手，選擇支撐性「構件」 129
- 著眼於貢獻分析，確定「構件」的位置和大小 130

確立「組裝磚瓦」的程序方法 131
- 依據決策分析，拼裝組織「構件」 131
- 按照關係分析，設置職能部門 132

依據組織「大廈」的設計「規範」 134
- 組織關係和職能的明確 134
- 組織構成精幹、高效 134
- 組織的價值導向正確 135
- 組織成員任務確定 135
- 適應企業決策的要求 135
- 具有穩定性及適應性 136
- 可以長期存在和自行更新 136
- 避免組織設計中的不良「病症」 137

可供選擇的四種組織設計的「建築模板」 138
- 職能制結構 139
- 任務小組結構 140
- 聯邦分權制結構 141
- 模擬分權制結構 142

第五章｜怎樣把企業「做大」？

策略應建立在自身規模的準確定位上 146
- 如何界定企業規模的大小？ 147
- 小型企業怎樣經營管理？ 149
- 中型企業怎樣經營管理？ 151

- 大型企業怎樣經營管理？ 154

使企業不斷發展的要訣 156

- 衝破「因循守舊」、「安於現狀」思惟的桎梏 156
- 把知識視為今後企業發展的關鍵因素 158
- 充分認識並確立企業發展的目標 159
- 為企業明天的發展早做準備 161
- 以高層管理團隊的更新推動企業的發展 162
- 制定增長戰略，避免企業「肥胖病」 164

兼併——迅速擴大企業規模的捷徑 167

- 對兼併的誤解：純粹的「財務操縱」 167
- 成功兼併的五大原則 169

聯合——通向國際化大企業之路 171

- 「聯合」使企業迅速獲得人才、技術和市場 171
- 統一目標，避免「貌合神離」 172

導致「霸主」衰落的致命錯誤 175

- 過分追求高利潤率 175
- 依據市場的「最高承受度」定價 176
- 按自己的成本推定價格 177
- 舊的成果妨礙新的創業 178
- 沈湎於老問題，錯過新機會 178

第六章｜怎樣應對市場的競爭？

無限擴張：搶佔市場的統治權 180

- 巨大的風險意味著豐厚的利潤 181
- 目標鎖定新產業或新市場 183
- 無限擴張必須一次擊中要害 185
- 策略的推進需要付出專一的努力 186
- 以較低的產品價格迅速佔領市場 187
- 充分認識風險性，做好萬全之策 188

攻其不備：從對手的疏漏處攻擊 189

- 模仿高手是更好的創新 189
- 以柔克剛、以弱勝強的「企業柔道」 192

構築要塞：在防守中立於不敗之地 199

- 要塞戰術之一：設置市場「關卡」 200
- 要塞戰術之二：擁有特殊的技術 202
- 要塞戰術之三：建立特殊的市場 208

創造新客戶：最直接的市場競爭手段 210

- 創造符合客戶「胃口」的新「實用性」 210
- 創新付款方式，使其充滿誘惑力 212
- 依客戶的處境，改變銷售的方法 214
- 滿足顧客的價值感，讓他覺得值 216

第七章｜怎樣創造機遇、把握機遇？

新的商機存在於意外事件中 219

- 善於捕捉意外的成功，順勢推進 219
- 積極發掘，而不是消極地坐等意外的成功 221

- 謹慎對待意外的失敗 222
- 做有心人，有意地尋找意外事件 223
- 留意「與己無關」的意外 224

新的商機存在於出現「不協調」的情況中 226

- 利用不協調的經濟現狀 226
- 利用現狀與設想之間的不協調 228
- 利用設想客戶與實際客戶之間的不協調 229
- 利用程序步驟或邏輯中的不協調 230

新的商機存在於系統運行的薄弱環節 232

- 找出程序中需要創新的「薄弱環節」 232
- 分析程序創新的困難因素 232
- 遵循程序創新的五項基本要素 233

新的商機存在於產業和市場結構的變動中 234

- 不拘一格地應對市場的新變化 235
- 拒絕順應市場變化的下場，只有死路一條 236
- 確定新的市場定位，重塑形象 237
- 利用「旁觀者清」的有利地位，乘機而入 238
- 從四個指標入手，判斷變化的來臨 239
- 利用強大者的遲鈍，奪取主動權 241
- 應對措施務求簡單、直接，切忌繁瑣、複雜 242

新的商機存在於人口的變化 243

- 忽視人口的變化是非常愚蠢而危險的 243
- 巧妙地利用人口變化中潛藏的商機 244
- 機遇建立在準確的人口分析之上 245

新的商機存在於知識的創新 246
- 知識創新的四個基本特徵 247
- 知識創新的三個具體要求 253

第八章｜怎樣迎接未來的挑戰？

管理的重心側重於未來的變化 257
- 高效地使用資源，集中力量辦大事 257
- 勇於運用拋棄政策，減少自身的負擔 258
- 善於制定增長戰略，不斷增強實力 259
- 制定創新戰略，永遠走在時代前面 260
- 建立全新的戰略思惟，洞察未來的發展趨勢 261
- 以效益為準繩，評價和提高管理水平 263

利用傳統文化，改變不良的習慣 265
- 傳統文化只能利用，不能改變 266
- 需要改變的是企業的不良習慣 266

未來何處好花錢？何處好賺錢？ 267
- 考慮四個門類的趨勢，發現未來的消費熱點 268
- 區分三種產業，尋找未來的賺錢之處 269

放棄保護主義，使企業在全球競爭中成長壯大 272
- 舊有的發展模式不再有效 272
- 出路在於向最高標準看齊 273

運用創新經營之道 273
- 將創新思惟的胚胎培育成熟 274

· 創新經營最忌急功近利 275
· 對創新工作實施嚴密的控制 277

附錄：關於彼得・杜拉克 279
· 提出「目標管理」的概念 282
· 管理學的真諦 282
· 管理要解決的問題有90%是共同的 283
· 培養經理人的重要性 283
· 杜拉克的「五項主要習慣」是領導特質論 284

第一章

怎樣成為「領頭羊」？

杜拉克說：「在當今世界，管理者的素質、能力將決定企業的成敗存亡。」他把管理者及其管理活動放在公司運營的核心地位。成功的管理者在任何一家公司中都是一個賦予公司以生命力的因素。

「沒有管理者的領導，生產資源就只是資源，永遠也不會變成生產。」有鑒於此，杜拉克認為，在競爭性的經濟中，管理者的素質及其工作決定著一家公司的成敗；或者說，決定著一家公司的存亡。

自己到底扮演什麼角色？

很多公司的管理者都患了一個致命的錯誤：表面上知道自己是幹什麼的，實際上很多時候都忘掉自己的權限和責任，糊裏糊塗地度過每一天。在公司裏，想要管理得好，必須首先明確自己究竟扮演什麼角色，否則就成不了好的「領頭羊」。

誰是真正的管理者？

關於企業管理者，有各種各樣的定義。杜拉克提出的「經理就是管理」的看法頗為新穎。他認為：「經理和主管是用腦力控制他人的魔術師，而控制的最佳效果就是優良的管理。」在此，公司企業的管理者泛指公司和企業的各級經理和主管。

杜拉克在《管理實踐》一書中引用了一句俾斯麥的話：

「尋找一位教育大臣再容易不過了，只要找個白鬍子老人就可以。然而，尋找一位好廚師卻不怎麼容易，因為他必須是一位萬能的天才。」

也就是說，公司的經理不能只是「白鬍子老人」。只有頭銜、寬敞的辦公室以及其它一切象徵地位的外部表現並不能使你成為真正的經理。經理需要具有能勝任工作的能力和做出貢獻的本領。那麼，這是否意味著，當經理的人必須是萬能的天才？做好經理的工作是靠直覺還是靠方法？經理是怎樣開展工作的？他與那些非管理人員在工作和職務上有些什麼區別？

按照杜拉克的管理思想，公司經理有兩項具體任務是公司中的其他人員承擔不了的。

第一項任務：造就出一個真正的集體，這個集體的工作成效要大於其各個組成部分之工作成效的總和。

他要創造出一個有效的實體，它所產生的績效要高於組成它的各種資源所能產生的績效之總和。他就像一支交響樂團的指揮。經過指揮的協調和努力，發揮他的想像力，本是雜七雜八，自成一調的各種樂器終於組成一曲美妙動聽的樂曲。不過，樂團指揮得按照作曲家的樂譜進行指揮，他只是樂譜的詮釋者。經理卻不一樣，他既是作曲家，又是指揮家。

為了完成這項任務，經理必須充分、有效地發揮所有資源的力量，特別是充分發揮人力資源的力量，消除一切可能的不足之處。只有這樣，才能創造出一個真正的集體。

為了完成這項任務，經理能平衡和協調好企業的三項職能：管理好企業、管理好管理人員、管理好工人及其工作。如果所採取的行動或決策只滿足了以上三項職能中的一項，卻削弱了另一項職能的發揮，對整個企業來說是不利的。一項決策或一個行動必須對以上三個方面都有好處才行。

第二項任務：當他採取某些行動或某項決策時，必須協調好眼前和長遠需要之間的關係。

犧牲這兩者中的任何一個，都會危及企業的利益。也就是說，他既要一刻不停地為眼前的工作埋頭苦幹，又要把未來放在心上。這就要求身為經理者具有非同一般的技巧。他既不能說：「船到橋頭自會直。」也不能說：「關鍵在以後的一百年。」他必須準備好如何使船穿過未來的橋頭，又要在船到達橋頭之前先把橋造好。如果他不將接下來一百天裏的情況當一回事，就談不上今後一百年裏能幹什麼，甚至連今後五年都談不上。不管他做什麼，必須既符合眼前的利益，又要考慮長遠的目標和根本原則。

經理的工作大致包含以下五項基本活動。這五項基本活動合在一起就形成資源的優化和綜合，足以造就出一個生氣勃勃，不斷發展的有機體。

1. 制訂目標

經理應該決定自己的部門要達到什麼樣的目標，這些目標的各個領域有些什麼要求，必須採取哪些措施才能確保這些目標的實現。他還必須就這些目標，與其他人進行溝通，因為他們工作績效的好壞會直接影響到這些目標的實現。

2. 組織工作

他要對一些必要的活動、決策和關係進行分析，對工作進行分類，以便於進行管理。接著，他要將這些活動再分成便於管理的各個崗位，並將這些部門組合成一個整體結構。他還要選擇適當的人員管理這些部門並充實這些崗位。

3. 善於溝通和調動工作人員的積極性

他要把那些負責不同工作的人組成一個協作的整體。在實現這一目標的過程中，可以採用的手段有：充分發揮管理措施的作用；充分利用他與被管理者之間的良好關係；對做好工作的人進行獎勵；充分利用晉升政策；堅持經常性的上下溝通。

4. 做好績效的測定

首先必須制訂出測定的標準。在發揮機構和個人的工作績效這一點上，沒有什麼其它因素比制訂標準更重要。他得讓部門裏的每個人都有各自的檢測標準，而這些標準既著眼於整個部門的績效，又考慮到各人自身的工作，並能幫助每個人完成好自己的那份工作。他要對績效進行分析、評估，並做出必要的解釋；他還要將這些檢測標準的含義及測定的結果與下屬進行溝通，向上級做出彙報。

5. 培訓人才

經理在開展日常工作時，可能為下屬的發展提供了方便，也可能給他們的發展製造了障礙。他不是向下屬提供正確的指導，便是向他們提供了錯誤的指導；他要嘛發揮了下屬的積極性，要嘛扼制了他們的積極性；他或是用剛正不阿的品質影響他的下屬，或是腐蝕了他們正直的品格；他或許將下屬訓練成頂天立地之人，也或許會使他們變得很醜陋。

每位經理在行使自己的管理職權時，不管是有意識還是無意識，總會起到上面所說的那些作用。他也許帶給他們很好的影響，也許帶給他們很壞的影響。不管情況屬於哪一種，他總會對下屬產生影響。

成功管理者的標誌

到底什麼樣的人能成為成功的管理者？其標誌為何？對此，美國經理和主管協會、普林斯頓大學等機構和學府的管理專家對杜拉克關於「管理人」的思想進行了深刻的闡釋和細化。

美國經理和主管協會認為，一流的經理和主管應該具備以下幾項基本素質：

①堪為全體職工的模範，不負眾望，能合群。

②品德高尚，見識廣博，工作勤奮，基本功足夠。

③頭腦靈活，具有預見時代趨勢的洞察力。

④有人情味，總能考慮別人的痛處，在部屬、同事、上司、關係單位以及主顧之間經常製造一種令人滿意的氣氛；像磁鐵一樣具有吸引力，具備領導才能。

⑤僅僅把經營管理階層的意圖向下傳達是不夠的，必須具有堅定的信念和勇氣，把全體職工真正的聲音帶到最高決策層，並提出解決問題的建議。

⑥自覺地認清公司對社會應負的道義責任和其它責任，並在行動中恪守無誤；嚴守信譽，絕不為浮利而輕舉妄動。

⑦把企業的收益與職工的生活福利聯繫在一起，使企業與全體職工形成一個不可分離的整體。

⑧果決的判斷力、勇敢的實踐力和堅韌不拔的毅力。

⑨積極的進取精神及獨創精神。

⑩遇到困難不畏縮；不是先考慮「為什麼」，而是研究「怎樣才能完成」。

⑪對上級不阿諛奉承，不做面子上的事。

⑫不虛假文過飾非。

⑬不先私後公，能率先棄私。

⑭不排斥別人，不踩著別人的肩膀，用虛偽的手段或花言巧語往上爬。

普林斯頓大學的管理學專家指出，成功的經理和主管具有下列十項特徵：

①合作精神。願與他人一起工作，能贏得團隊的合作；對職工不強行壓服，而訴諸說服。

②決策才能。依據事實而非依據主觀想像進行決策，具有高瞻遠矚的能力。

③組織能力。能發揮部屬的才能，善於組織人力、物力、財力。

④精於授權。能大權獨攬，小權分散；能抓住大事，而把小事委諸部屬。

⑤勇於負責。對上級、下級、產品用戶及整個社會抱有高度責任心。

⑥善於應變。權宜通達，機動靈活，不抱殘守缺，不墨守成規。

⑦敢於求新。對新事物、新環境、新觀念感受敏銳。

⑧敢擔風險。對公司發展中不景氣的風險敢於承擔，具有改變公司面貌、創造新局面的雄心和信心。

⑨尊重他人。重視他人的意見，不武斷、狂妄。

⑩品德超人。品德良好，為社會和公司的職工所敬仰。

通過上面幾方面的評判，我們發現，企業管理者必須是一個全面發展的管理者，而他的管理思想都源於他的智慧。這是保證他成功管理的前提。

經理和主管被賦予坐陣指揮的權力，實際上就是面臨一種挑戰，即考驗其能力和腦力的機會。或者說，就是在各種各樣的挑戰中，把坐陣指揮的本領充分表現出來，激發自己的腦力。

成功，從掌握自己的時間開始

時間即效益，擠時間，就能擠出效益。工作高效是管理者實施成功管理的前提。成功的管理者應該恰當地劃分出工作時間段，在相同的時間裏做出不同的業績。你一個人這樣做到了，說明你是一個高水準的管理人員;全公司都做到了，就說明它是一家有希望的公司。其實，機遇都是在時間的縫隙中不斷尋找的結果。

杜拉克認為，人們討論管理者的任務時，多是從工作計畫談起。但是，「有效的管理者不是從他們的任務開始，而是從掌握時間開始。」他們不是從做計畫著手，而是從查明他們的時間實際用在何處開始。然後再安排他們的時間，減少非生產性工作所佔用的比例。最後將「零星分散的」時間匯集起來，成為最大可能的連續時間單元。

在杜拉克的管理思想中，對時間有著如下的看法：

「時間是限制性因素。」

「時間是一種稀有資源。」

「時間的供給是完全沒有彈性的。不管對時間的要求多麼強烈，供給也絕不可能增加。」

「時間是完全無物替代的。」

「做任何事都需要時間，這是惟一的普遍性真理。」

做自己時間的主人不容易

大多數人都不善於支配自己的時間，特別是公司的管理者，時間可能根本不屬於自己。想要完全駕馭自己的時間，首先要分析一下身為公司的管理者，大量的時間都花到哪兒去了？

1. 大量耗費在「應酬」上。

任何管理者，不論他是否是經理，都不得不把大量時間用在根本不起作用的事情上。這就必然造成浪費。他在組織中的地位越高，組織對他的時間要求也就越多。

比如，一家美國大公司的負責人在擔任總經理的兩年中，除耶誕節和元旦兩天外，他每晚都要「赴宴」。所有宴會都是「公事」，每次都要浪費幾個小時。他毫無選擇的餘地。不論宴會是為一位服務滿五十年，即將退休的雇員辦的，還是為某位與公司有生意往來的州長辦的，總經理都必須出席。儘管他知道，這類宴會無論對公司，對他的消遣，或他的自我發展，都沒有什麼作用，他卻不得不出席，並要在宴會上表現得彬彬有禮。

在每位管理者的生活中，都會面臨這類問題。當公司的一位最好的客戶來訪，銷售經理絕不能說：「我很忙！」即使這位客戶想談的也許是上星期六的一場橋牌，或是他的女兒考上了合適的大學，他都不得不洗耳恭聽。

2. 大量花費在與他人「磨合」上。

如果時間是用在和他人一起工作上，情況尤其如此，而管理者工作的中心任務之一正是和他人一起工作。人是時間的消費者，而多數人卻是時間的浪費者。

如果一位經理認為，他只需要花十五分鐘就可同他的一位下級討論計畫、方針和工作，他這是在欺騙自己。一個人若想把事情說清楚，並產生影響，他至少需要花一小時，甚至更長。若要同其他人建立關係，就需要花費非常多的時間；與其他管理者建立關係，更費時間。一個人可以只對工人說：「我們的工作標準，要求每小時做五十件，而你只生產了四十二件。」而要弄清一位管理者工作得好或壞，先得同他一道坐下來，共同商量該做什麼和這麼做的理由。

如果一位「白領」工作者在大型組織中工作得很好，那裏的高級管理者必定是定期抽時間同他們見面，甚至常找年輕的新手談談，詢問他們：「你認為，身為這個組織的負責人，我應該對你的工作瞭解些什麼？你對這個組織有什麼看法？你認為我們還有哪些機會尚未利用？還有哪些危險我們尚未覺察？還有，你想從我這裏瞭解哪些有關這個組織的情況？」

這樣的閒談，對管理者是必要的。沒有這樣的閒談，那些「白領」工作者就可能失去熱情，混日子，甚至忙自己的私事，對組織的機會和需要毫不關心。但是，這類談話很費時間。

3. 大量花費在人事和工作關係的「協調」上。

杜拉克管理思想中有一個著名的「控制幅度」原理。

這個原理指出：一個人只能管理幾位必須相互配合協同工作的人（例如：為了取得成果，一位會計、一位銷售經理和一位製造人必須相互配合）。另一方面，設在各城市的分公司經理，並不一定要彼此配合。因此，一個地區副總經理無論管多少人都不違反「控制幅度」的原理。不管這個原理是否有效，毫無疑問，必須一起工作的人越多，用在「相互關係」上的時間就越多，用在工作上的時間反而越少。大型公司為了加強力量，就不得不大量使用管理者的時間進行協調工作。

在成功的公司管理者中，有人決策快，有人決策較慢。但是，他們無一例外，在做人事方面的決策時，都很慢，而且幾經反覆，才真正表態。例如，世界最大的製造產業通用汽車公司的前總裁小艾爾弗雷德．斯洛安，據說他對於人事問題，從來沒有在第一次提出就做出決定。他通常要花好幾個小時才做出初步判斷。然後，隔了幾天或幾星期，再著手處理這個問題，就好像他以前從未接觸過它似的。

斯洛安以善於用人而聞名，他是當之無愧的。有人問他有什麼祕訣。據說，他的回答是：「沒有祕訣——我只是擔心我第一次提到的人選可能是錯誤的——因此，我在做決定之前，我總是將整個情節再反覆考慮和分析好幾次。」

有關人事問題的決策都很費時間。杜拉克認為，理由很簡單，因為「上帝創造人」時並不是把人作為公司的「資源」。人不可能在各方面都恰好符合公司所要完成之任務的條件，而且人還不能按公司的要求重新塑造或徹底改造。人一般最多只能「大致適合」。工作要由人來做，沒有別的資源能替代。因此，在考慮人選時，就需要大量時間、思考和判斷。

由診斷入手，加強時間管理

身為公司的管理者，能否掌握好自己的時間將變得日益重要。但是，一個人只有先知道怎樣利用時間，他才會掌握自己的時間。因此，你如果想成為一名成功的公司管理者，應自覺地養成以下兩個習慣：

1. 系統地記錄時間。

公司的管理者必須知道時間是怎麼運用的，從而力求去掌握時間。你必須先記錄時間。可以說，提高管理者的工作效率並通向成功管理的第一步是記錄實際的用時情況。

當然，具體的記時方法有很多。有的管理者自備時間記錄本，有的人請祕書代勞。重要的是，必須做時間記錄，並在工作進行的當時做，而不是事後追記。

許多成功的管理者都經常保存這樣一種時間記錄本，並每月定期拿出來看看。每年至少定期做時間記錄兩次左右，每次持續三至四星期。每做完一次這樣的記錄，再重新考慮和規劃自己的時間表。但是，六個月後，他們肯定都會發現，他們又逐漸陷入把時間浪費在瑣事上的情況。時間的利用定會隨著實踐而得到改善。但是，只有持之以恒地努力管理時間，才能避免讓時間聽其自然發展。

2. 系統地管理時間。

必須識別出那些浪費時間的活動，並從中擺脫出來。

首先，要查出並排除那些根本不必做和純粹浪費時間，勞而無用的事。為了掌握時間浪費的情況，管理者要經常逐項檢查時間記錄本上記載的所有活動，想一想「這件事如果根本不做，會出現什麼情況？」假如答案是：「什麼事也不會發生。」那麼結論顯然是：你必須立即停止這件事。

令人驚異的是，很難弄清究竟有多少事情是大忙人所不願捨棄不做的。例如：有無數的報告會、宴會、委員會和董事會。他們消耗在這些活動上的時間簡直多得驚人。他們不喜歡這些活動，幹得也不好，卻年復一年地忍受下來。實際上，如果某項活動對公司、本人都沒有作用，只要謝絕即可。

其次，在自己的時間記錄本上記載的活動中，有哪些完全可以由別人辦，效果也一樣好。

其實，任何一位管理者一旦正視自己的時間記錄本上的記載，都會把不必親自做的事交給別人去辦。因為，只要一看時間記錄，問題都會再清楚不過，管理者自己認為重要、想做和已答應做的事，都因為時間不夠而沒有做。惟一能讓他確實掌握時間去處理重要事情的辦法，就是讓別人去做他們能做的事。

比如，公司有許多事都需要出差辦理，而多數出差的事都可以讓年輕的下級人員去做。因為旅行對他們來說，仍然是一件新鮮事。他們年紀輕，在旅館也能睡個好覺。他們能忍受疲勞。因此，同那位經驗豐富、訓練有素，但容易疲倦的上級比起來，他們更能勝任這種工作。

第三，控制並消除浪費別人的時間。例如，某大公司的高級財務負責人雖然深知會議太浪費時間，但每開一次會，不管會議內容是什麼，他總是召集所有的下屬負責人參加。結果，會議規模總是過大。由於每位參加者都感到應表示一下自己關心會議，每人至少提出一個問題，而多數問題都與會題無關，所以時間拖得很長，無休無止。這位負責人一直到詢問了大家，才知道他的下屬也認為會議太浪費時間。可是，他又感到，這些人中的每個人在公司中的地位都很重要，都應該瞭解情況，若不邀他們與會，擔心他們會感到受了怠慢。

後來，他找到一個兩全的辦法。會前，他發給每個相關者一份會議通知單，內容是：「星期三下午三點，在四樓會議室，討論明年的經費預算問題。我已經邀請了史密斯、瓊斯和羅賓遜先生同我晤談。如您認為需要瞭解有關情況或願意參加討論，請屆時出席。否則，我們將於會後立即送上會議記錄，供您參考並請提意見。」

過去，每次會議都要十多人參加，並且一開會就是一下午。現在只有三個人再加一個做記錄的祕書參加，用一個小時左右就把會開完了。

許多管理者都知道，這些時間上的浪費是不必要的。但他們不敢去削減那些活動，惟恐誤把重要的事減掉了。其實，即使做錯了，也可以迅即彌補。如果一個人敢大刀闊斧地精簡，他的工作就能快速得到進展。

事實上，一位管理者大刀闊斧地砍掉不必要的事，並沒有太大的風險。我們通常傾向於過高而不是過低地估計我們的重要性，以為許多事只有我們自己能做。即使是非常有效的管理者，仍然免不了要做許多不必要的事。

對症下藥，減少時間之浪費

管理者一旦確定自己的管理中的確存在著時間上的浪費，應如何從加強管理入手，以減少這樣的浪費呢？

1. 減少由於缺乏制度或遠見而造成的時間之浪費。

這種時間上的浪費，其症狀是年復一年地出現同樣的「危機」。同樣的危機如果已出現兩次，就不應讓它再出現第三次。一件重複出現的危機通常是可以預見的。因此，面對這類危機，要嘛採取措施，防止它發生，要嘛使它成為一項例行公事，讓人人都能處理。「例行」的定義是，使那些從前只有專家才能做的事變成無需判斷，人人都可以辦。一項例行事務是經能人從過去無數的危機中總結出來，把它劃分成一套系統而有步驟的形式。

杜拉克認為，一家管理良好的工廠通常很平靜。如果一家工廠常常出現「戲劇性」事件，在參觀者眼前呈現一片「壯觀」的景象，它必定管理不良。管理良好的工廠總顯得單調乏味，不會發生任何激動人心的事，因為人們對可能發生的危機都早已預見，並已將它們轉化成例行事項了。同樣，一個管理良好的組織總顯得「沈悶」。在這樣的組織裏，「令人興奮的」事是制定組織未來的基本決策，而不是轟轟烈烈地忙於昨天的掃尾工作。

2. 減少由於人浮於事所造成的時間浪費。

對公司的某項任務來說，人手可能的確太少，即使工作勉強完成了，也不會太理想。但這種情況並不多見。最常見的情況是，人員太多，影響了工作效率，因為大家把大量時間都花在「相互關係」上，而不是花在工作上。

想要發現你的公司是否存在人員過多的毛病，這裏有個相當可靠的判斷依據：假如某公司的主要負責人花了很多時間，也許十分之一，用來處理「人事關係」、矛盾和不和、爭執和合作問題等等，那麼，這家公司的人員幾乎可以肯定地說，確是太多了。

公司超員，藉口通常是：「我們得有個某方面的專家，以防萬一出現這方面的問題。」可是，一家公司應該只用每天都有大量工作需要他的知識和技能的人。對那些只是偶爾需要，或因某個問題必須請教的專家，通常不應正式聘用，只請他當個顧問。顧問所需的費用要比正式聘用便宜得多。多雇用一位才能得不到發揮的專家，肯定會影響整個公司的效率，給公司帶來損害。

3. 減少因為組織不健全而造成的時間浪費。

一個人要開會，就不能工作。誰也不能同時做兩件事。在一個設計很理想的組織結構裏，應該完全剔除會議。當然，處於一個瞬息萬變的世界，這樣的組織只能是個夢中物。每個人都知道工作上需要他瞭解什麼，最好能得到他的工作所需要的資源。我們開會，是因為擔負不同工作的人需要彼此合作，以完成某種特定任務；我們開會，是因為某種特定情況所需的知識和經驗不是一個人所能全部具備，而必須集思廣益。

一般情況下，公司的會議總是開得過多。如果公司管理者花在有的沒的會議上的時間過量了，那肯定是這個組織不健全的一個跡象。

每次會議都會引出一系列正式或非正式的小型續會，兩類會議都得拖上好幾個小時。因此，會議必須目的明確。會議開得漫無邊際，不僅使人討厭，也是一種危險。最重要的是，會議必須是一種例外，而不是常規。

如果在一個組織裏，所有人成天開會，這個組織就一定是個誰也幹不了事的組織。無論何種組織，如果時間記錄本表明，會議開得太多。例如，某公司的成員若發現他參加的會議占去了的自己四分之一以上的時間，他所待的準是一家不健全的公司。

如何減少這種時間上的浪費呢？如果會議太多，管理者應把由某一工種或某一部門做的工作分散到數個工種或部門。因為，若需要通過大量會議協調工作，就說明組織的職責混亂，不能把信息傳達給所需要的人。

4. 減少因為信息失靈而造成的時間浪費。

製造業常常為生產數字而煩惱，因為所得到的數字必須經過「翻譯」，才能讓業務人員理解。人們得到的只是「平均數」，即會計人員所用的數字。而業務人員需要的不是平均數，而是範圍，例如產品組合和生產變動、每批產品的期限等等。為了得到他們所需要的資料，他們可能必須每天花幾小時進行推算。

諸如人浮於事、組織不健全和信息不靈等方面浪費的時間，有時可以很快得到糾正，有時要用長時間和耐心才能改正。不過，為改進工作所做的努力一定會取得明顯的效果。

集中利用可供支配的「自由時間」

一位公司的管理者只要按照上面所說，對自己的時間進行記錄和分析，並進而加以管理之後，就可以決定把多少時間用在重要的任務上。擠掉了本會「浪費的時間」，究竟有多少可「自由支配」的時間能用在真正起作用的大事上呢？

不論管理者多麼認真地消除時間上的浪費，可供他自由支出的時間仍然不會太多。例如，杜拉克的一位朋友是某大銀行的總裁，杜拉克與他共事了兩年，主要是研究高層管理結構問題。兩年中，杜拉克和他每個月見面一次，約會時間總是一個半小時。每次會見，只談一個題目。在談話進行了一小時二十分鐘後，這位總裁就對杜拉克說：「杜拉克先生，我想你最好把所談的情況歸納一下，並概括地提出我們下次見面該談的題目。」一個半小時的時間一到，他就起身握手告別。

這種情況大約持續了一年以後，杜拉克忍不住問他：「為什麼我們每次談話都定為一個半小時？」他回答：「原因很簡單，我發現自己的注意力只能維持大約一個半小時。如果我處理某個問題超過了這個時間限度，我就會開始自我重複了。」

那一個半小時，從來沒有人來電；他的祕書也從不往辦公室內探頭告訴他，外面有某個重要人物急著見他。有一天，杜拉克向他問起這個情況。他說：「我嚴格規定，在我談話時，除了美國總統和我的夫人之外，祕書不得把任何人的電話接過來。總統極少來電，而我的夫人又深知我的脾氣。所以無論什麼事，我的祕書都會等我談完話才告訴我。然後，我再用半小時回電，弄清我要知道的情況。我還不曾碰過等不及一個半小時的危急狀況。不過，這也說不定。」

毋庸置疑，這位總裁在每個月一次的會晤中所完成的事要比許多同樣能幹的管理者用一個月的會議所做的事還多。

管理者的職位越高，他無法控制和花在不起作用之事上的時間就越多；組織規模越大，需要花在僅僅維持組織運轉上，而不是用在使組織發揮作用上的時間就越多。

因此，成功的管理者知道，他必須集中利用他的自由時間。他也知道，他需要大塊時間。時間若分得太零碎，就等於根本沒有時間。如果能把時間集中使用，即使只佔工作日的四分之一，通常也足以辦幾件重要的事。相反，時間過於零碎，這兒十五分鐘，那兒半小時，即使總共占了工作日的四分之三，也發揮不了什麼用處。

集中自己的自由時間遠不只是個方法問題，更重要的是態度問題。多數人設法把次要或無多大作用的工作集中起來辦理，以為這樣就可以騰出一段自由時間來。但這種做法往往不太靈驗，因為人們在思想和時間安排上仍然把不大重要和作用不大又自認為不得不做的事放在優先地位。其結果是，很可能還得犧牲自由時間，去滿足任何新的要求。如此，幾天或幾周之內，全部的自由時間都將化為烏有，被新的問題、急事、瑣事所蠶食掉了。

有效的管理者首先要從估計自己實際上究竟擁有多少屬於自己的自由時間開始。然後留出適量的連續性時間。如果後來發現，其它事情侵佔了這部分保留時間，他們應重新仔細檢查自己的時間記錄，並再砍去一些不完全有用的活動。正如前面所說，他們會發現，很少出現削減過頭的情況。

所有成功的管理者都要永遠堅持對自己的時間管理。他們不僅要經常做時間記錄，並要定期分析。他們要根據自己的自由時間，對重要的事情給自己規定不成文的限期。

重要的事情先做

如果說提高管理者的工作效率有什麼「祕訣」，那就是集中使用力量。成功的管理者總是先做重要的事，並且每次集中力量做一件事。因為重要的事往往很多，而時間總是很有限。只要對管理者的工作稍加瞭解，就會發現他的重要任務簡直多得使人感到為難，而他真正能用於有效工作的時間又少得可憐。無論一位管理者多麼會掌握自己的時間，仍有絕大部分時間是他自己控制不了的。因此，人們常說時間總是不夠用。

某醫藥公司的總裁起初任職時，公司規模還小，只在一個國家有業務。他供職十一年，退休時，公司已在世界範圍居於領導地位了。最初幾年，他把全部注意力都放在研究工作上，解決研究方向、計畫和研究人員等問題。公司在研究方面從未領先過，就是在人家後面追也很吃力。這位新任總裁並不是科學家，但他認識到，公司必須停止重複其它同業公司五年前就做過的事。它應該決定自己的研究方向。結果，五年內，這家公司就在兩項新的研究佔居領先地位。

這位總裁接著就著手把公司建設成國際性企業。他仔細分析了藥物的消費情況，斷定健康保險和政府醫療保健服務是刺激藥物需求的主要因素。他選擇某個國家在保健服務事業上正進行大發展的時機，讓他的公司打進這個國家。緊接著，他又設法讓他的公司大步打進過去從未到過的許多國家，同時又不與地位牢固的國際藥品公司爭奪市場。

那些能「做這麼多事情」的人的「祕訣」，而且他們所做的許多事都是很困難的。他們一次僅做一件事。結果，他們所用的時間比我們一般人都要少得多。

管理者集中使用力量，有兩條重要原則：

1. 擺脫已不再起作用的過去。

一個人想要擺脫失敗帶來的影響並不困難。失敗本身就會給他帶來教益。然而，昨天的成功總會留下長遠的影響，遠遠超過成功自身的作用。更為危險的情況是，有些事本來應該做好，卻因為某種原因而毫無成效。這些活動往往成了「管理者的沽名釣譽」和神聖不可侵犯的活動。如果不把這類事務無情地清除掉，一個組織的生命就會耗盡。

然而，正如每位管理者都知道，維持老一套很容易。一旦著手一件新事，困難就來了。除非在從事一件新工作前就為它準備好解救的辦法，否則等於從一開始就宣判了它的失敗。對新工作來說，惟一有效的解救辦法就是選用真正有能力的人去做。但這種人總是特別忙，只有減輕他現有的負擔，才能指望他承擔新的任務。

可以說，有計劃地擺脫舊事物，是促成新事物的惟一途徑。其實，任何組織都不乏「創造性」見解。但很少有組織能使自己的好見解付諸實施。人人都過分忙於昨天的任務。只要定期檢查所有的計畫和工作，除掉那些不起作用的項目，即使是最墨守成規的官僚機構也能獲得生機。

在這方面，杜邦公司比世界上的任何其它大型化學公司都做得更好。這主要因為在某種產品或某個工藝過程開始走下坡之前，它就毅然捨棄。杜邦公司從來不把人力資源和資金用來保衛昨天。多數其它相關企業的經營原則卻有所不同。他們認為：「對一家生產效率高的工廠，即使生產的是輕便馬車用的鞭子，也總會有市場的。」「我們公司是靠這種產品起家，我們的責任就是維持這種產品應有的市場。」然而，在這些公司經常派它們的管理者參加的關於創造性問題的討論會上，它們卻經常抱怨缺乏新產品。杜邦公司則忙於製造和銷售新產品，根本無暇參加上述任何一種活動。

2. 辦事要分出先後。

明天，總是有很多工作必須完成，而時間總是不足；機會總是很多，而能稱職的人手又總是不夠。因此，我們必須做出決定：哪些任務應該優先？哪些屬於次要？問題是：應該根據什麼做決定？是根據管理者，還是根據壓力？

如果根據壓力，那肯定有些重要任務只能放棄不做。因為，將決定轉化成行動，是完成任務中最費時間的一個階段，如果是根據壓力情況，就沒有時間進行這種轉化了。

根據壓力以決定工作的先後次序，還可能帶來另一種後果：高層管理者對工作根本不再過問。因為一項新任務若不是為了解決昨天的危機，而是為了開拓一個新的明天，這種工作通常可以緩辦。而壓力總是來自昨天。特別是高層管理者如果讓壓力牽著鼻子走，那些沒有現成的人去做的工作肯定會被忽視。

然而，問題的癥結並不在於決定哪些事應優先處理。這種事情很容易，誰都能做。那麼，為什麼只有極少數的管理者能集中使用自己的精力？其原因就在於他們很難決定哪些事應該「緩辦」，暫時可以不必處理。

多數管理者都知道，緩辦實際上就是不辦。他們當中有很多人都覺得，某件事原先決定緩辦，後來又拾起來再辦，這是最不合適的事。

杜拉克卻認為，這肯定是錯過了時機。而掌握好時機是事情能否取得成功的一個最重要的因素。把本來應該在五年前做的事放到五年後再做，肯定是最大的失策。

事情的先後次序並非一成不變。人們常常根據實際情況，重新考量和修改這種順序的安排。成功的管理者只集中精力於當前的任務，而不會輕易去做別的承諾。然後，他會觀察形勢，選擇下一個需要優先處理的任務。

集中使用力量，就意味著，管理者必須敢於決定哪些是真正該做的，哪些又該先做，並有勇氣把時間和精力投進去。管理者若想成為時間的主人，而不是它們的奴僕，惟一的出路就是集中使用力量。

發揮人之所長

杜拉克在《管理實踐》一書中指出，公司經理開展工作，使用的是一種特殊資源——人。人是具有特殊品質、絕無僅有的資源。哪位管理者想要開展工作，就離不開這一資源。

人，並且只有人，是不能被「隨意製作」的。兩個人之間始終存在著一種雙向關係，這種關係與人和其它資源之間的關係完全不同。正是這種相互關係的性質在不斷改變著雙方，不管他們是夫妻，父子，或是經理和他所管轄的成員。

管理人的技巧是成功的公司管理者必須具備的素質。有效地管理人，其關鍵即發揮人之所長。

成功的管理者必須看到，為了取得成果，必須利用所有人的長處——部屬、同事、上級的長處。能利用這些長處，才是真正的機會所在。發揮人之所長，是管理公司的惟一目的。我們每個人都有很多弱點，公司不可能克服這些弱點。但是，它可以使這些弱點與工作脫鉤。它的任務是運用每個人的長處，使之成為共同成績這所建築物的一磚一瓦。

從長處著眼，配備屬下

美國鋼鐵工業之父安德魯·卡內基選了這樣一句話作為他的墓誌銘：「一位懂得任用比自己更有才能之士的人安息於此。」他關於管理的名言，講得如此精闢，如此自豪，簡直無人可以與他相比。但那些人之所以都比他「更強」，當然是因為他發現並發揮了他們的長處。在這些鋼鐵業的管理者中，他們每個人只是某個特定領域和特定工作方面的「能人」，卡內基則是他們之中的成功管理者。

成功的管理者懂得，他們的下級是被雇來工作，而不是被雇來取悅上級的。他們懂得，只要一位女歌星能招攬顧客，讓她發發脾氣有什麼關係？如果這位女歌星發發脾氣就能進行精彩的演出，那劇團的經理就應該忍受她的脾氣。

成功的管理者從來不問：「他跟我合得來嗎？」只問：「他能做出什麼貢獻？」不問：「他不能做什麼？」而是問：「他在哪方面能做得特別突出？」在配備人員時，他們要用的是在某一主要方面擁有特長的人，而不是在各方面都可以的人。

一個人不可能只有優點，而總是有缺點相伴隨。但我們可以在組織安排上做文章，使個人的缺點不致影響工作和成就。安排時，可以考慮使長處得到發揮。一位優秀的稅務會計師如果自行開業，可能由於他不善於與人們打交道而使他的工作受到很大的影響。但是，在一家公司裏，就可以把這種人單獨安置在一個辦公室，避免直接和旁人接觸。一位小企業家，善長財務，但產銷知識貧乏，他很可能陷入困境。而在一家規模較大的企業，一位只懂財務的真正行家，他的作用很容易就可以得到發揮。

成功的管理者並不是看不到缺點。他懂得，他的任務是使那位優秀的會計師去做他的稅務會計工作，而對他與人們打交道的能力根本不抱幻想。他決不會任命這位會計師去當業務經理。

那麼，成功的管理者究竟要怎樣用人，才不致墮入因人設事的陷阱？大體有以下四項原則：

一、首先要明確，職務不是上帝所創造，而是由那些難免犯錯的人所設計。因此，他們要永遠警惕出現「不可能」做到的工作。

二、每項職務都必須在要求的高低和範圍大小上具有伸縮性。它必須使人可以儘量發揮他的長處。

然而，多數大型組織都不採取這種用人政策。他們傾向把職務的範圍限制得很小，似乎只有那些在一定的時間，按特定工作進行設計和加工的人才能做這項工作。而現實情況是，我們不僅不能有什麼人就用什麼人，而且，除了最簡單的工作之外，任何職務的要求一定會有所變動，並常常突然發生變動。本來「勝任愉快」的人，很快變得不稱職。只有一開始就把職務的要求和範圍定得靈活些，才能使一個人很快適應新形勢下的新要求。

三、有效的管理者懂得，用人時必須首先瞭解某個人能幹什麼，而不是先看某個職務要求什麼。這就是說，早在安排某個職務的決定之前，他們就對人的情況做過考慮，而且這種考慮與職務的安排無關。

有一次，在日本舉辦了一個關於開發管理人才的討論會，與會者都是日本大型組織的高層人士。杜拉克驚異地發現，參加討論會的日本人士中竟沒有一個人運用人事考核辦法。當他詢問他們為什麼不實行考核辦法時，有一個人說：「你們的考核制度只關心找出人的缺點和錯誤。既然我們既不能解雇一個人，也不能拒絕給他提級和晉升，考核制度對我們就沒有多大意義了。相反，我們對一個人的缺點知道得越少，就越好。我們真正需要知道的是他的長處和他能做什麼。你們的考核制度根本不關心這方面。」

西方的心理學家可能很不以為然。但是，不論日本、美國，還是德國的管理者都是這樣看待傳統的考核制度。

有經驗的人都知道，人們不可能事先估計潛力，或者估計某個人能否擔任與現任工作很不相同之工作的潛力。「潛力」實際上就是「前途」的另一個說法。即使某人確實具有潛力，也不一定能發揮出來；而有些人沒有顯示出這種前途，他們實際上卻做出了成績。只有工作成績是可以衡量的，也應該予以衡量。這就是為什麼要把職務範圍規定得大一些和具有挑戰性，為什麼要考慮某個人對組織的成績方面應做出的貢獻的一個原因。不過，只有根據具體的工作要求，才能衡量一個人成績的大小。

四、公司沒有「不可缺少的人」！一位大型零售聯鎖商店的總經理在有效地培養經理人才方面採取了一些打破常規的作法。他對凡是分店經理提到的「不可缺少的人」，都一律自動撤換。他說：「這就意味著，不是管理者太弱，就是下級太弱，或者兩者兼而有之。我們只要發現這類問題，就及早解決。問題發現得越快越好。」

巧妙運用上級的強項

成功的管理者應當努力充分發揮他的上級的長處。

迄今，還沒有聽過一位管理者這樣說：「管理下級，我沒有多大困難，但我如何管理我的上級呢？」管理上級其實並不太難，但只有成功的管理者知悉其中的奧妙，那就是：懂得運用上級的長處。

當然，對此，一定要謹慎從事。大凡上級無能，下級通常不可能提升到高於上級的職位和機構。如果上級得不到提拔，他的下級只能永遠屈居其下。如果上級因為無能或者工作失誤被解職了，繼任者也往往來自別的部門，很少從本單位年輕有為的人當中選人繼任。而新任的上級又總是把他自己的親信帶來。反之，上級工作有成績，提拔得快，也有利於下級取得成績。除了謹慎之外，運用上級的長處是發揮下級之才能的關鍵。只有運用上級的長處，才能使下級集中考慮自身的貢獻，他的意見才能得到上級的支持並付諸實施，才能使他成就自己想做的事。

因為人各有特點，所以要瞭解上級的長處，並發揮其長處，就需要適應他的特點。在考慮提出正待處理的事情時，總是先考慮「如何」提，而不是提「什麼」。向上級提出各種有關事項，應考慮先後順序，而不是輕重是非。如果上級的政治能力強，而這種長處又確與職務有關，那就首先向他提出政治方面的情況。這可以使上級掌握問題的全貌；在制定新政策時，就能有效地發揮他的長處。

俗話說：「旁觀者清」。我們都是觀察別人的「專家」。

看清別人的問題容易，看出自己的問題則難。因此，發揮上級的長處，一般還是比較容易的。但關鍵是要著眼於他的長處和他能做什麼，發揮他的長處，而又使他的弱點不造成影響。管理者使自己的工作富有成效的最好辦法就是：發揮上級的長處。

責任心是管理者的首要素質

什麼樣的人才能當經理？對經理所下的標準定義是：如果他負責管理別人，管理他們的工作，那麼他就是經理。但杜拉克認為，這一定義的面太窄了些。經理的第一個責任是對上面負責，對企業負責。因此，他是否具有責任心，就成了成功的公司管理者的基本素質。

正直的品格

為了成為成功的公司管理者，只有知識和技術是不夠的。管理者想把工作做得越好，對他在品質上的要求也就越高。因為在新技術條件下，他的決策對企業所造成的影響，這些決策的時間跨度及其所涉及到的風險，對企業都將是生死攸關的。因此，他必須把企業的共同利益置於個人利益之上。

這些決策對企業裏的人的影響同樣是如此之大，因此他必須真正按原則辦事，而不是只從權宜考慮出發。另外，這些決策對社會的經濟也會產生巨大的影響，因此社會本身就會要求他對自己所做的決策負責。說實在的，新的任務已對明天的經理提出了這樣的要求：他必須把自己的每一個行動、每一項決策都建立在堅實的原則基礎之上；他不但應該通過知識、能力和技巧實施領導，更應該通過洞察力、勇敢的精神、負責的態度及正直的品格領導好他的部門。

因此，想成為一名成功的管理者，不管一個人受過什麼樣的普通教育，也不管他受過什麼樣的成人管理教育，起決定性作用的既不是教育，也不是技能，而是他的正直品格。

公私分明

管理者如果公私不分，就會把公司當成謀取私利的場所，從而給公司帶來毀滅性的打擊。蛀蟲都是以私利為重的。身為管理者，應當記住：為公司做好事情，也就是成就自己的機會。

公私不分、假公濟私或欠缺公正的公司經理和主管，在下屬的心目中不會具有威信。

因此，切忌假公濟私，而應公私分明。這是一名管理者用權的標準。惟其如此，才能正己立身，管好下屬。否則就會完全掉進私欲的陷阱，終不能自拔，造成毀滅性的打擊。

第二章

怎樣進行人力資源管理？

杜拉克說，如今：「將人事部門重新命名為『人力資源部門』正成為一種時尚。但很少有人真正意識到，這意味著我們所需要的已經遠不止一個更出色的人事部門。」而且，「領導人花在人的管理與進行人事決策上的時間應當遠超過花在其它工作上的時間。因為，沒有任何其它決策所造成的後果及影響會像人事決策與管理上出現的錯誤那樣持久而又難以消弭。」

實行正確的人力資源管理，是駕馭好一家公司的最基本的手段。這方面顯示了公司管理者的能力、價值觀以及是否嚴肅認真地履行職責。成功的公司管理者在人力資源的管理上也是成功的，他們身邊通常有一批幹練得力、有主見又非常自信的人；他們通常會鼓勵自己的同事和部屬，表揚並提升他們。成功的人力資源管理也存在風險：幹練得力的人通常都野心勃勃。但是，如果任用一個庸人，對公司來說，風險更大。人力資源管理的任務是有效地選人、用人，創造性地發揮他們的能力，以達到公司的目標。

人力資源是第一資源

杜拉克說：「這幾乎已成為美國管理界的老生常談，即人力資源是所有經濟資源中最未有效使用的資源，提高經濟成效的最大機會在於提高人們的工作效率。企業能否運作，歸根結柢，取決於它促使人們盡職盡力，完成工作的能力。」

他還認為，這一切又取決於對待人的態度。於是，他提出了著名的觀點：「生產率是一種態度。」

公司和人才是一個有機的整體

人才觀的首要問題就是如何處理好公司與人才的關係。能夠得到公司發展之所需的各種人才是每家公司都夢寐以求的，但是，如果處理不好公司與人才之間的關係，即使得到了人才，也一定留不住。

杜拉克提出了「雇用完整的人」的思想。他認為，人們不能只「雇用一隻手」，手的所有者總是與手在一起。「沒有多少種關係能像一個人與他的工作的關係那樣將一個人的整個身心完全包含在裏面。」因此，他得出結論：人才與工作是不可分的，自然與公司企業也是不可分的。

公司和人才是一個不可分割的整體。如果把一家公司的人才轟走，那就會嚴重危及該公司有效運轉的能力。例如，有公司進行併購時，比較常見的做法是：買方公司堅持要求賣方公司的經理留任一段時間，並常常用條件寬厚的協定鼓勵這些經驗豐富的經理人員繼續增加營業額和利潤。

1963 年以前，化妝品公司創始人——瑪麗·凱對化妝品工業還一竅不通，不過她擅長招收和培訓推銷員。她買下一個護膚品配方後，第一件事就是盡力尋找最有名氣的化妝品製造商。這個製造商不但能製造出高質量的化妝品，而且能不折不扣地按照糧食和藥物管理局的規定辦事。而完全熟悉這些規定往往是新入行者難以做到的。

她的兒子理查德加入公司時實際上也是一個毫無經驗的年輕人。但他十分聰穎。他知道，凡是碰到自己幹不了而又非幹不可的事，可以雇一位專家幹。在招收雇員時，他總是設法招收一些能使公司取得更大成就的技術人才。每招進一個人才，就為公司增加了一份力量。就這樣，他不但找到了最好的化妝品製造商，而且找到了財會、法律、銷售等專業人員。

通用汽車公司那位大名鼎鼎的前總經理艾爾弗雷德·斯隆曾經說：「把我的資產拿走吧——但是，請把我的公司的人才留給我，五年後，我將使被拿走的一切失而復得。」

杜拉克指出，要使人才與公司溶為一體，關鍵是使他們感到自己對公司非常重要。人人都有能力取得一些重要成就。一個經理必須這樣看待人，並誠心誠意地持這種態度，而不能表面一套心裏一套。你必須誠心誠意地相信：人人都很重要。

身為一個公司管理者，你應當意識到人人都需要表揚。不過，你必須誠心誠意地表揚人家。你會發現，有許許多多的機會可給予誠摯的表揚，如果你希望得到這種機會的話。因此，利用這些機會表揚吧！祕密表揚並不起作用。

人人都是管理者，員工是公司的合夥人

杜拉克說：「讓全體員工都站在上司的立場考慮問題，關鍵是要使他們感到自己是企業的主人。」

正是從這一思想出發，在對待公司與人才的關係上，沃爾瑪公司提出了獨到的人才觀——「員工是公司的合夥人。」這樣就在前述的公司與人才溶為一體的基礎上，更加明晰了公司與員工的關係。

對沃爾瑪公司來說，管理者與員工的關係是真正意義上的夥伴關係。這正是它能夠在競爭中獲勝，取得豐碩之成果的重要原因。

這家連鎖經營的商業公司時刻奉行著「顧客就是上帝」的宗旨，讓顧客成為所有工作和努力的中心。在為顧客提供

完美服務的過程中，公司也以特殊的方式服務自己的員工、合夥人，使所有員工都在群體中齊心協力，更有力地為「上帝」服務。

公司創始人薩姆．沃爾頓說：「在公眾面前自我吹噓肯定不是建立一個有效的企業組織的成功之道；一個追求個人榮譽的人決不會取得多少成就。在沃爾瑪公司，我們所取得的一切成就都是公司成員協同努力，為實現一個共同目標而奮鬥的結果。」

他年輕時就希望建立一家大零售公司，其所有雇員都享有公司的股份，有機會參與公司的決策，共享公司的利潤。他認為，如果公司與員工共享利潤，不論是以工資、獎金，還是以紅利、股票折讓等方式，那麼，流進公司的利潤就會不斷增長。因為員工會以管理層對待他們的態度去對待顧客。員工善待顧客，顧客們稱心滿意，就會經常光顧本店。這正是連鎖店行業創造利潤的真正源泉。僅靠把新顧客拉進商店，做一筆算一筆，或不惜工本，大做廣告，達不到同樣的效果。可見，建立管理者與員工的良好關係，讓員工更親切地為顧客服務，是沃爾瑪公司整體規範中最重要的部分。

薩姆．沃爾頓說：「如今，我們這種行業中管理者所面臨的真正挑戰，是如何成為所謂雇員的夥伴。一旦他們做到這一點，這支隊伍——管理者及其員工——便能無堅不摧了。」

擁有大批一流人才是競爭取勝的關鍵

杜拉克說：「欲創造企業的明天，有賴於企業中的人努力以赴。」企業的競爭力取決於企業今天人才的競爭力。

美國電話電報公司是語言學教授貝爾於 1876 年美國百周年國慶這一天，宣布了電話的發明並申請了發明專利之後成立的。百多年來，美國電話電報公司在競爭中始終保持優勢，不斷取得成功。1994 年，設在日內瓦的摩根士坦利基金組織根據全球 22 個主要股票市場上市公司 5 月 31 日的股市價格，將它評為世界 1000 家大公司之一，名列第 7 位。該公司還是世界最大的跨國公司之一，被稱為美國企業的「重型轟炸機」。人們說，是人才托起了美國電話電報公司。因此，他們提出的口號也是：「擁有大批一流人才是競爭取勝的關鍵。」

被稱為「現代科技搖籃」的貝爾實驗室成立於 1925 年，現有 2.5 萬一流科學家，其中榮獲諾貝爾獎者 7 人、獲美國國家科學獎者 5 人、美國國家科學院成員 14 人、美國國家工程科學院成員 29 人。自貝爾實驗室成立以來，已獲得 2.3 萬項專利，平均每天一項。這些發明改變了人類的生活和工作方式。

經營之根本是造就人

杜拉克在其《管理實踐》一書中明確提出：「管理人的一項根本職責是培養人才，包括培養自己。」

三洋公司總經理井植薰在松下公司任職 25 年，深深體會到松下公司的經營思想就是重視人的作用。在他離開松下之後，將這一思想帶到自己的三洋公司。他在實踐經營論《事成於思》一書中，第一句話就是這樣寫的：「何謂經營之本？我認為，就是造就人。」這也成為三洋公司的人才觀。

這一人才觀除了強調人才的重要性之外，更加突出了公司中人才培養的意義。

三洋公司視人才為企業的生命。在日本，名牌大學畢業生及一些高級人才除了被一些著名的研究機構奪走之外，絕大部分具有發展潛力的人才都在生產企業的第一線服務。在大企業從事技術開發研究，條件優越，經費充足，一般不愁資金、設備的問題。一旦在技術上有所突破，就會立即被一大批投資所包圍。所以，在當今以技術為先導的企業經營之中，人才成了企業的生命。日立和松下等日本企業之所以能夠被美國權威的企業定級機構評定為「3A」級，除了這些企業本身的生產經營成績斐然之外，更重要的因素還在於它們都擁有當今最為出色的技術人才和研究開發能力。

企業技術水平的高低完全取決於企業人才的擁有量和相應的管理措施。杜拉克認為，企業的經營決策者不但需要具備物色人才的慧眼，更需要懂得愛護、使用人才的「訣竅」。

「得才不易，用才更難。」對於企業管理來說，這是一個十分重要的問題。

井植薰曾經辛辛苦苦地從一所名牌大學裏「挖」到一名很有才華的大學生，把他安排到三洋電機一家技術要求很高的工廠去鍛鍊。但是，一年後，這家工廠的廠長對井植薰說：「你要來的那個年輕人，原來大家都認為他不錯，但事實上他根本不行，什麼事都幹不了。是否把他調到其它部門？」聽了廠長的話，井植薰問道：工廠怎樣安排他的工作？廠長說他不清楚，是技術部門安排的。又問：從哪些方面看出這個年輕人不行？廠長支支吾吾無法明確應答。

於是，井植薰對這位廠長說：「要調動他是不可能的。原先招他進廠時，他是被公司錄用的一批人中最出色的一個。其他同時進來的人現在都幹得很好，為什麼惟獨他到了你的廠裏就不行了？我說，這是你的失誤。要調動的話，我就先調走你。」

正如杜拉克所說，無論怎樣優秀的人才，如果他的上級不重視，未做適當的指導、培養和監督，那麼他縱使有天大的才能也無從施展。

人才是企業的生命。但是，企業的管理者如果沒有「嗜才如命」的基本思想，企業的生命就會慢慢枯竭。人才需要培養，更要使用得當：善於發現人才，培養人才，更要善於愛護和使用人才。這是企業得以發展的基礎。

忠誠 + 才能 = 公司的棟梁

杜拉克說：「正直的品格是人才的基礎。沒有責任心和職業道德的人成不了企業管理者，也成不了普通員工。」

日本西武鐵路集團到 1970 年時即擁有總資產大約近 1 萬億日元。1987 年，西武集團已發展到 70 家公司，經營業種跨及運輸、土地開發、不動產、建設、旅館、觀光、棒球事業等等。員工人數多達 3.5 萬人。

堤義明於 1964 年 30 歲時就從他父親日本實業大王堤康次郎手中繼承了龐大的西武鐵路集團及大批土地。據《富比士》雜誌調查，他是全世界最有錢的人。這位當時的世界首富是如何管理幾萬名員工的呢？堤義明的人才觀是：忠誠第一，才能第二；絕不開除員工；專職 20 年，才成專家。

在堤義明的人才觀念裏，一項工作如果做不到 20 年，就不會成為真正的專家。因而西武體系的旅館和高爾夫球場的經理多半在同一職位持續工作 10 年、15 年以上。

堤義明的用人觀念是：職員進公司工作三年以後，才能做出評價，否則就不知道他的真正價值。有的人剛開始時工作很得要領，第二年起就開動腦筋偷懶，而把不願做的事推給別人去做。頭腦靈活的人總有這種傾向，愛耍小聰明，想逃避艱苦的工作。相反，一開始動作遲鈍，缺乏表現力，又其貌不揚的職員，也許領悟力較差，不容易掌握工作要領，但一旦掌握，就絕不會偷懶。而且，這種人還擔心：不加緊努力，就會被人趕上。所以他們努力不懈，肯做別人不願做的工作，而且做得很好。

在堤義明看來，員工開始時無論顯得多麼能幹，那樣的情況絕不會持續長久。以長遠的眼光看，只有拙笨而精力旺盛的馬拉松型員工才有利於公司。他深悟此理，故而在西武鐵路集團內部始終貫徹這樣的理念和獨特的用人思路。他對經理和子公司社長的提拔方法也別具一格：能言善道、思路敏捷而自命不凡的人，基本上不會被安置在重要的崗位上；只有經過長時期專職工作考驗的人，才能被提拔為經理或社長的職位。

為員工鋪就晉升的階梯

健全合理的晉升制度是杜拉克人力資源管理的一個重要思想。他說：「即使不過分強調，晉升也始終是管理人員特別嚮往和追求的事。因此，良好的精神和業績需要一個合理的晉升制度。」

什麼是合理的晉升制度？簡單地說，就是讓合適的人做合適的事，發揮他們的特長。而做好這項工作的前提則是成功的選拔。在選拔員工方面，成功的公司當然也做得非常成功。它們會以自己獨特的方式選拔發展所需之人。不僅用人要有魄力，選人同樣需要魄力。對於那些擁有特殊才能卻又性格古怪的人才更是如此。選才上有「惜才不惜金」的說法，因為人才是另一種財富，比物質財富更有價值，更因為人能夠使財富不斷增加，使公司走向成功。

杜拉克選人的五種模式

杜拉克曾說：在古老的時代，人們頗能安於沒有晉升制度的社會環境。他們可以一輩子待在自己勝任愉快的層級。

但是，現代的層級系統常常由下往上遞補，以因應高升、辭職、退休、解雇與死亡所產生的空缺。為了增加效率，於是產生了晉升數目偏高的趨勢（如果三位副總裁業績不錯，那麼六個一定更好）。這種作法也可以使員工樂觀一點（我一定也有希望）。合理的晉升制度與方法可以使下屬相信：「讓我們振作精神，不問運氣如何，只管辛勤耕耘。」對此，杜拉克總結了獲得晉升的五種方法與途徑。

一、按工作表現晉升。認為工作表現可以用若干標準衡量的機構很可能依員工的表現是否合乎既定標準決定他的升遷與否。這時，能力的定義是：能夠產生預期表現的工作業績。這套評估制度未被廣泛採用，因為制定標準與評估業績都是相當艱巨的工程。

二、按投入程度晉升。當一名下屬懂得守時、整潔、服從公司規定和慣例，他會因全心投入而獲得上司的賞識。這時，能力的定義是：為組織內部的流暢運作貢獻力量。

三、按組織偏好晉升。這條升遷的渠道又可分為兩大類：樣板偏好與祕密偏好。就樣板偏好而言，被相中的員工通常在機構裏小有名氣，甚至經公告成為模範員工。這時，能力的定義是：「服從組織樣板。」

四、按年資晉升。工會及其它職業團體的人士都大力支持以年資為升遷依據的作法，俾與按偏好晉升的不公平管道相抗衡。

五、按參與性的選擇晉升。大部分的現代管理專家都對威權式的管理頗有微詞，而讚揚參與式的管理作風。前提是：晉升人選具有評估自己的能力。因此，在參與性選擇的制度下，能力的定義是：「有希望的晉升者必須具備客觀評估自己的工作表現的能力。」

人才誠可貴，伯樂價更高

杜拉克說：「沒有任何事比那種司空見慣，為擺脫一個人而提拔一個表現差的人，或因為我們不知道沒有他我們將幹什麼而拒絕提拔一個優秀的人的做法更有害了。」他提出了晉升過程中應選拔什麼人的問題。他的觀點是絕不能「把差勁的人踢到上面去」和「隱藏好的人員」。

人才固然可貴，但能夠發現人才並且善於使用的人更為可貴。如果沒有識千里馬的伯樂，誰會知道眼前站著的就是奇才？在現代化的大生產中，一個企業的成功需要各種各樣的專門人才，包括經濟學家、統計學家、管理人員、科研人員、法律專家等。只有把這些專門人才的智慧集聚在一起，合眾人之力，才能保證企業在激烈的競爭中走向成功。而把如此眾多人才最有效地組織在一起，並且充分發揮他們各自的優勢，的確不是一件容易的事。

杜邦公司的總裁皮埃爾·杜邦二世慧眼識珠，非常明智地將約翰·拉斯科布網羅進杜邦的人才寶庫，並提供了充分發揮其才能的機會，使他心甘情願地一直追隨左右，為杜邦公司的發展立下了汗馬功勞。

拉斯科布來自法蘭西，長得矮矮胖胖，看上去很普通。一次偶然的機會，皮埃爾·杜邦結識了他。通過交談，發現他頭腦清楚，思惟敏捷，分析問題有條有理，而且能說會道，很適合做公關工作，於是皮埃爾請他擔任自己的私人祕書。其後，拉斯科布顯示出處理財政問題的才能，皮埃爾馬上用其所長，提升他為德克薩斯州有軌電車軌道公司的財務主管，不久又將他晉升為杜邦公司的財務主管。

杜邦公司買下通用汽車公司之後，拉斯科布隨著皮埃爾從杜邦來到通用汽車，在董事會執行委員會工作，並任公司的財務委員會主席。這一職務為他進一步施展才華提供了廣闊的舞臺，從而使他成為美國證券市場上引人注目的人物。拉斯科布協助皮埃爾創建了杜邦證券經營公司、通用汽車承兌公司，為杜邦染指金融界，進一步向金融寡頭發展立了大功。後來他還擔任皮埃爾銀行家信託公司、克蒂斯航空公司及密蘇里太平洋鐵路公司的董事。1928 年，《美國評論之評論》雜誌將拉斯科布稱為「杜邦公司的金融天才」，又稱其為「華爾街的奇才」。

引進活水，公開招聘

杜拉克注意到，在美國及所有其他發達國家，大多數企業都是由家族控制並管理的。經過深入研究，他提出了一系列關於家族企業如何管理的重要思想。如：家族成員一般不宜在本企業工作；非家族成員出任高級職位；非家族專業人士身居要職；讓外聘管理者享有「主人感」等等。最重要的一條就是要廣開門戶，挑選出德才兼備的出色人才。

韓國企業界早期亦盛行家族式經營。三星集團率先實行公開招聘制，搶先一步匯集了天下人才於一家。這些人現已成為三星集團的棟梁，推動著三星集團事業的蓬勃發展。

三星集團的公開招聘制度一直維持到今天。目前已公開招聘 30 多屆，共 3 萬多名職員。企業集團核心機構成員的 70％都是招聘而來。這些人是三星集團不可多得的寶貴財富。離開了他們，三星的蓬勃發展是不可想像的。

由於採取各種方法挑選和招募人才，三星在韓國的社會上被譽為「人才匯集中心」。

年輕意味著創新與活力

杜拉克提出：「構築明天的企業，需要天才的火花，離不開創新。」「成功者不能永遠成功。須知企業是人的創造，絕無所謂永遠可言。」

1973 年 10 月，本田公司創始人本田宗一郎和副社長藤澤武夫突然一起從領導位子上退下來。此事引起很大的轟動。但最令人感到意外的還是新任社長的年齡。當時河島才 45 歲，比起本田小了整整 22 歲。本田技研成立之初立下了幾條基本方針，其中第一條就是：永遠擁有夢想和年輕。

本田宗一郎這樣說：「因公司而異，有些企業憑某人一輩子勤懇努力地工作或過去有某方面的功績而委以重任。我這兒絕不來這一套。讓年過五旬，已開始走下坡路的人當社長，簡直毫無道理。」

之後，第三位的久米是志社長也說：「本田技研的信條是注重年輕化。所謂年輕，是就感受性、行動能力、智慧、創意精神而言。其中最重要的是行動能力。我希望在座的年輕朋友好好珍惜。」

本田技研自創業以來，從未間斷對於人才的培養。創業者本田是這樣，第二任社長河島、第三任社長久米是志等歷任領導人都樂此不疲，而且他們的觀念已深深影響了年輕的技術人員，從中出現了開創本田技研未來的人才。人才是企業的根本，不斷選拔和培養年輕的優秀人才是公司歷久不衰的重要保證。

為了明天之需要培養人才

杜拉克說：「企業不能僅僅制定晉升計畫，局限於可提拔的人，旨在為高層管理的空缺找到後備人員……那樣做，只需找到一些人套上今日管理人員的鞋子就行了。」事實當然不是這樣，「培養人員是企業承擔它對社會所有的基本責任所必需的。」可以說，人才是公司成功的奠基石，培養人才則是奠基石的建造過程。有堅實的基石，大廈會聳立不倒；有所需的人才，公司就會發展不滯。

選擇合適的培訓模式

在杜拉克的管理思想中，人力資源已經成為現代企業的黃金資源。因此，一流的企業必須廣泛參與職業教育。

現在就結合杜拉克的管理思想和各一流企業的先進經驗，將職業培訓的模式歸納如下：

1.「雙元制」培訓模式

發源於德國的職業教育「雙元制」即：學校與企業結合，以企業為主；理論與實踐結合，以實踐為主。學生從 4 年制小學畢業後進入主體中學。其中部分學生經過 5 年修業期滿後，與工廠企業簽訂合同，成為工廠企業的學徒，再進入相應的職業學校學習 3 年後即成為技術工人。在職業培訓期間，學徒每周 3 至 4 天在工廠，按照工商行會頒發的培訓規章進行培訓，1 至 2 天在學校，按部頒教學計畫進行學習，實踐與理論課之比約為 7：3 或 8：2。學習費用絕大部分由企業支付。

「雙元制」培訓模式的特色在於：自始至終都以立法的形式將企業與學校連結在一起。然而，它並非完善無缺：一是過早的職教定向分流給人們帶來一種心理上的不平衡；二是學校、企業各分兩地，聯繫較難；三是實施中工廠實習往往受到一定的干擾和阻力……等等。

2. 企業辦大學模式

企業辦大學，這是因應現代企業日趨複雜而生的現象。企業辦大學，不僅可以大面積地培訓員工，而且可以大幅度提高企業員工的素質。經教育機構認定，企業大學也可頒授學位，以使企業及時適應現代高新技術發展的需要。不過，這一模式只適用於實力雄厚的大型企業，中小企業只能採取聯合辦學或委託公共教育機構培訓員工的方式。

3. 產學合作模式

各發達國家在加強企業的職工培訓時，都很注意與高校的聯合與協作。同時開設部分研究生班，學員一般都是具有四、五年工作經歷的在職人員，他們邊工作邊學習。著名的貝爾實驗室就與麻省理工學院、史丹佛大學等 37 所高等院校合作，利用高校為其培養研究生。產學合作，不僅發揮了高校科技、人才、資訊的優勢，也利用了企業基礎、設施、資金的優勢，相互促進。日後還需要對產學合作的科學規律性進行探討，俾能真正做到以產助學，以學興產。

4. 國際聯合培訓模式

世界範圍內的貿易往來、資金融通和技術轉換的規模日益擴大，在這一趨勢的背後是如火如荼的人才培訓合作。跨國聯合是新加坡不斷尋求人力資本增殖的主渠道。如：和荷蘭菲利浦公司合辦的新加坡菲利浦訓練中心；與日本合作創辦日本新加坡軟體工業學院、日本新加坡技術學院；與法國合辦新加坡電子工程學院；與德國合辦新加坡生產工程學院和機器人作業訓練中心等。中國大陸的跨國合作培訓也正方興未艾，目前經批准設立的中外合作辦學機構，包括培養機構，已逾 70 個。

跨國聯合培訓，有利於提高發展中國家的科技競爭力，並促進國際間的技術交流與經貿往來。需要注意的是：在技術引進、吸收的過程中應開發出更先進的技術，以提高國際競爭力。

5. 駐外培訓模式

為了使駐外業務人員適應海外文化及習慣，以便有利地進行海外市場的開拓，發達國家的一流企業均不惜重金，競相開展駐外培訓。為適應全球性競爭，公司提案培養世界性經理：在任何地方都像在自己的家鄉一樣，能適應別國的文化傳統；考慮問題全球化，但行動要符合當地情況，即開展業務要本地化。

一個好的培訓計畫應包括兩方面：一是傳授文化知識，包括歷史、宗教、社會等基本情況，特別是與本國不同的地方——通過比較，外派員工便能更深地瞭解兩種文化的差異。二是讓員工做好心理準備。韓國的三星財團為迎接產業國際化的趨勢，每年派出400名「獨立業務員」到世界各地，駐外培訓時間為一年，以訓練一批「地區性業務專家」。

6. 崗位輪換培訓模式

日本豐田公司針對崗位一線工人，很注意培養和訓練多功能作業員；採用工作輪調的方式訓練工人，提高工人的全面操作能力；通過工作輪換的方式，使一些資深的技術工人和生產骨幹把自己的所有技能和知識傳授給年輕工人。對各級管理人員，豐田採取五年調換一次工作的方式進行重點培養。每年1月1日進行組織變更，調換的幅度在5%左右，調換的工作一般以本單位相關部門為目標。對於個人來講，通過幾年的輪換崗位，有利於成為一名全面的管理人才、業務多面手。

7. 逐層選拔培訓模式

美國柏克德公司規模很大，從事基本建設工程，僅職員就有3萬多人。公司層層設有訓練機構，並在總公司設立一個規模很大的「管理人員訓練中心」。首先，他們從2萬個管理人員和工程師中選擇5千人作為基層領導（組長、車間主任等）候選人，鼓勵他們自學管理知識，並分批組織他們參加40小時的訓練，再從中選拔出需要的基層領導人員（全公司約3000人）；其次，從基層領導人中選拔1100人參加

「管理工作基礎」的訓練和考核，從中挑選出 600 人，分別再給予專業訓練，使他們承擔專業經理的職務（如銷售經理、供應經理等）。最後再從這些專業經理中選拔 300 人，經過訓練，以補充高層經理的需要（包括各公司的總經理、副總經理等）。

層層選拔培訓像金字塔一樣，不但按臺階走，而且在某一層臺階上，還把學習、訓練、進修和工作實踐結合起來，遵循了人才培訓成長循序漸進的規律。然而，一旦選拔的標準欠缺科學性，就有礙於特殊人才的發現和任用。

8. 互聯網路培訓模式

讓員工脫離工作崗位培訓是代價極高的做法,工學矛盾困惑著現代企業。如今的技術發展,使得培訓軟體進入互聯網路成為可能,作為資訊高速公路上的一個驛站,它將學習與工作融為一體。首次提出並進行互聯網路培訓的美國公司創造了第一個知識支持系統,名叫培訓測試顧問,可以取消三天的課程,代之以軟體。另一個名叫職能管理助手的軟體給公司的工人和管理人員提供了各種各樣的聯機幫助,既可改善他們目前的工作表現,又可為下一步的事業發展做出規劃。

按照不同之層次，培養不同之人才

杜拉克認為，不同層次的管理者與被管理者的職責有所不同。因此，在一家公司內部，由於各類人員的工作性質和要求不同，各有其獨特性，因而對這些不同類別的人員進行培訓，在培訓項目的安排上就各有其獨特性。

一、公司經理。在杜拉克的管理思想中，經理具有很重要的地位。他說：「經理不可能僅憑直覺辦事，他必須掌握系統的規律和方法，必須能設想出各種工作模式，善於將部分歸納綜合成整體。假如他做不到這些，那他必敗無疑。」

「不管是小企業還是大企業，無論是搞整體管理還是搞部門管理，想當一個經理，他就必須用管理實踐武裝自己的頭腦。」公司經理的職責是對整家公司的經營管理全面負責，因此他的知識、能力和態度對公司經營的成敗關係極大。從這個意義上說，他們更有必要參加培訓。

二、基層管理人員。基層管理人員在公司中處於一個特殊的位置：他們既代表公司的利益，也代表下屬職工的利益，很容易發生矛盾。如果他們沒有必要的技能，工作就難以開展。大多數基層管理人員過去都是從事業務性、事務性工作，沒有管理經驗。因此一經進入基層管理的職位，就必須通過培訓，盡快掌握必要的管理技能，明確新職責，改變自己的工作觀念，熟悉新的工作環境，習慣新的工作方法。

三、專業人員。公司有會計師、工程師、經濟師等各類專業人員，各有自己的活動範圍，掌握著本專業的知識和技能。各類專業人員很可能局限於自己的專業，與其他專業人員之間缺乏溝通和協調。培訓的目的之一就是讓他們瞭解他人的工作，促進各類人員之間的溝通和協調，使他們能從公司的整體出發，共同合作。

專業人員參加培訓的另一個重要目的就是不斷更新他們的專業知識，及時瞭解各自領域裏的最新知識，與社會經濟技術的發展相適應。

四、一般職工。職工是公司的主體，他們直接執行生產任務，完成具體性的工作。對一般職工的培訓是依據工作說明書和工作規範的要求，明確權責界限，掌握必要的工作技能，以求能夠按時有效地完成本職工作。

進修教育——公司與學校融為一體

杜拉克在《管理的前沿》一書中提出：「職業院校是最

好的投資對象。」

小沃森接替老沃森成為 IT 巨人 IBM 的掌舵人之後，他面臨的最艱巨之任務是如何駕馭這匹脫韁之馬：隨著 IBM 的規模迅速擴大，應該不斷保持公司的凝聚力。

經過苦苦思索，小沃森把沃森在管理 IBM 這家企業的 40 年裏所遵循的宗旨歸納成一組簡單的口號：「對每個員工體貼備至。」「不惜時間，使客戶滿意。」「竭盡全力，把事情做好。」等等。

IBM 是最早擁有自己的銷售培訓學校和技術培訓學校的企業。剛開始，學校的培訓方法很不完善，連一本關於怎樣把 IBM 人訓練成優秀之管理人員的教材都沒有。在提拔人才時，一個分部經理只須把一個推銷人員叫到辦公室，對他說：「現在正式提升你為助理經理。管好你的手下；說話不要帶髒字；穿白襯衫、黑西裝。」

由推銷人員走上助理經理的過程實在簡單得令人吃驚。小沃森決心改變這一現狀。他指派 IBM 公司最有才華的銷售經理之一湯姆．克萊蒙斯負責人員培訓。克萊蒙斯在一個鄉間俱樂部辦了一個培訓班。最初，他把哈佛大學商學院講課的實例原封不動地搬了過來。

小沃森對此頗為不滿。終於，他把克萊蒙斯叫到一旁，以他通常那種不講策略的方式說：「我們公司若想獨一無二，就必須教些獨一無二的東西。」

克萊蒙斯說：「我想，你希望我能把他們都訓練成優秀的管理人員，是嗎？」

「你沒弄懂我的意思！」小沃森說：「我希望你用 IBM 的管理方法對他們進行培訓，讓他們學會交往、做好銷售和服務工作、看望生病的員工之妻並看看能否給予幫助、對員工的家屬進行慰問等等。」

在小沃森帶領下，IBM 走向了新的輝煌，光榮地戴上「教育產業」的桂冠。從這裏，這位巨人與其他企業的不同已可略見一斑了。它的一切教育活動似乎要滲透到職工的血液裏去，徹底將公司的方針灌輸到他們心裏，影響和改造他們的個性和氣質，使他們的舉手投足都體現出身為一個 IBM 人的風采。

IBM 之所以能在世界各地掀起狂風暴雨般的藍色巨浪，建立震驚世界的藍色帝國，是因為它時刻在思索，從中建立理論，並用理論指導實踐。IBM 的進修教育工作也是如此。沒有理論根據的教育是不可思議的，必須擁有能說服對手的理論體系。IBM 是一個不論幹什麼事都要理論根據的公司。他要求：「在從事一項工作之前，必須從理論上說服對方。」IBM 之所以被稱為教育產業，是因為通過進修教育，使它的職工素質得到提高，從而使它的事業更加發揚光大。

杜拉克告誡經理們：「教育的目的和實質是為了造就人才。世界上有哪一家企業能夠不依靠各個領域的人才卻躋身於尖端企業中，並且長久不衰呢？恐怕還沒有這樣的成功實例吧！觀察歷史上的各種企業以及當今世界上多如牛毛的企業，它們的成功，都是因為倚重人才、依靠人才；它們的失敗，最重要的原因也是『樹倒猢猻散』，人才各自飛。正因這樣，為了企業的發展而培養必要的優秀人才，所有的企業都無一例外地要對此傾注全力、耗盡心血。擁有優秀的人才是公司立足於世的支點；順理成章地，『培養優秀人才』就是公司至高無上的使命。」

走系統化的人才培養之路

「工欲善其事，必先利其器。」公司想要在激烈的競爭中奪取勝利，必須既有科學的管理和高科技人員，又要有訓練有素的職工隊伍。因此，一家公司注重科研開發的同時，要始終堅持對員工進行嚴格的培訓。但是，培訓僅僅停留在言傳身教和不定期進修還不夠，必須把公司的人員培養成系統化、體系化。系統化、體系化是杜拉克人力資源管理思想的一個重要層面。他說：「雖然美國的企業界已成了全國最大的教育領域，但大多數企業所具有的是培訓程序，而不是培訓方針。很少有企業將其培訓重點放在公司 5 年以後或更長遠的需要。」

西門子公司在人才培養上就走了一條系統化的道路。迄今為止，西門子技術培訓已經形成一個有機系統，包括一般培訓、專門培訓和繼續培訓。

一般培訓是普遍性的；專門培訓是為西門子公司的專業生產而進行的特殊培訓，只適用於西門子；繼續培訓則是針對在職職工的知識更新和適應新技術開發的需要而設置。

在創業資金市場上流傳著一種說法：「就長期而言，把資金投在適當的人身上要比投在一個好構想上更能獲得利潤。」歷史悠久、聲譽卓著的西門子公司更是主張造就優秀人才。「自己培養人才」是西門子發展得最成功的辦法。為了培養自己的人才，公司自始至今，不遺餘力地對職工進行培訓。

早在 1847 年，西門子公司成立時，創辦人之一約翰．哈爾斯克就錄用了第一位學徒，將自己多年積累的機械製造技藝傳授給他。隨著創業規模不斷擴大和產品種類不斷增加，僅靠師傅傳藝已不能滿足需要，必須以新的培訓方式取而代之。

1871 年，西門子在柏林的工廠第一次設立了「學徒園」，由經驗豐富的技師專司培訓工作，每人負責一年之內把 20 ～ 30 名剛入廠的青年培養成專業工人。這實際上是現代企業培訓制的雛形。此後，西門子又在 1903 年建立了第一個徒工實習工廠。1910 年以後，公司為商業培訓人員開設了包括正規課程在內的技術培訓。早期的培訓是在車間進行，後來有了專門學校和教師。接受過很多培訓的人員，在公司中有著廣泛發展與晉升的機會。女雇員的培訓也同樣進行。1939 年，西門子培訓了第一位女電子助理工程師。這在當時是前所未有的事。女工程師、女描圖員在公司中同樣接受培訓，擔任要職。

值得一提的是西門子的「學生園」。它成立的目的在於資助學生們的專業學習，並傳授他們更充足的實際經驗和專業方面的高級知識。公司提供特別資助給那些在工程科學、自然科學及創業管理等主課學習中水準高的學生。被吸收到學生園的學生都是一些基礎課程成績出色的人，或是工廠學生和實習生中成績良好的人。國內外大約共有 1000 名學生屬於此範圍。特別資助包括購置專業文獻、必要的經濟性資助、推薦攻讀學位。此外，學生們還能參加學術座談和考察、訪問活動，使他們能從國內外的各種專業實踐中深入瞭解西門子。對那些屬於學生園的人，如果在他們結束高校學習後，又要在大學中繼續從事科學研究，仍然可以得到公司提供的「博士園」資助。當然，西門子歡迎這些享受資助的高材生最後能成為公司的職工。但這並不是法定要求，一切都依照學生本人的意願。

一家企業的存在和持續發展只能依靠管理人員和廣大職工不斷取得新生產水平，而這種能力只能通過終生不倦的學習來取得。西門子公司就為員工提供了這種終生培訓。從第一個學徒誕生到現在，一百多年過去了，在此期間，西門子先後對 10 萬名以上的年輕人進行了嚴格的培訓。僅 1991 年一年就有 8800 名學徒工接受了幾十種不同的職業訓練。公司為此支付費用達 2 億馬克。隨著時代的變遷，職工除了要掌握基礎知識和專業技能之外，還得接受增強獨立性、創造性和協作能力方面的訓練。有的甚至要上社會教育學等課程，目的是使他們以「批判的態度研究社會環境問題，並形成自己的看法。」

1 美元的培訓費用會帶來 40 美元的效益

杜拉克指出：「企業必須建立並在相當程度上改變他們的培訓，而培訓費用可能已和雇員的保健費一樣高，或許更高。」的確，對雇員的培訓無疑要投入大量財力、物力。但是，「在員工培訓上的投入，會得到很高的利潤回報。」

目前，摩托羅拉公司正處於事業的上升時代。在蜂窩式移動電話和無線傳呼裝置的生產方面，摩托羅拉當仁不讓，以產品的高質量獲得了良好的聲譽和豐厚的效益。

在產品獲得成功之後，摩托羅拉的領導者擔心，到 21 世紀初，競爭對手可能趕上來，對產品質量的要求會越來越高。他們相信，未來 10 年的商戰，最重要的武器是接受能力、適應能力和創新能力，而這一切最根本的保證就是加強員工培訓。

摩托羅拉向全體雇員提供每年至少 40 小時的培訓，這在美國已屬於較高的培訓水準；但公司希望在 2000 年時能將這一培訓時間增加 4 倍。美國訓練與發展協會首席經濟學家安東尼．柯內維爾指出，這將使公司走上一條「超常規發展道路」，意味著一年要花費 6 億美元，相當於一家大型晶片工廠的費用。

摩托羅拉在將教育與公司的業務目標相結合方面做得尤為出色。例如，公司要確定一個縮短產品開發周期的目標，就設計出一個如何解決這一問題的課程。公司的培訓不僅是為教育而教育，而是要受訓者接受一些具體的訓練，直到能良好地使用新設備並與顧客建立良好的公共關係。

最近從美國電報電話公司退休的主管教育和培訓的副總裁唐納德·康弗說：「就教育與公司經營戰略之間關係的緊密程度而言，摩托羅拉公司做得比任何其它公司都好。」

重視職工教育給摩托羅拉公司帶來了好處。80 年代中期的一項調查表明，每 1 美元培訓費可以在三年內實現 40 美元的生產效益。摩托羅拉指出，素質良好的公司雇員已通過技術革新和節約操作，為公司創造了 40 億美元的財富。

企業精神是良好業績的根源

杜拉克在《管理實踐》中提到，有一句話對「企業精神」做了最好的詮釋，它銘刻在安德魯·卡內基的墓碑上：此處安息著一位懂得如何在他的工作中謀求得到優於他的強者幫助的人。

企業的目的是：「使普通人做不尋常的事。」沒有一家企業能夠依賴天才，所能依賴的只有企業精神。因為，良好的企業精神可以充分發揮個人的優點。因此，成功的公司在人力資源管理上必須注重「企業精神」的塑造。這一方面是創造一個良好的環境，另一方面是營造良好的企業文化。

滿足員工自我實現的欲望

員工自我實現的滿足感是現代企業管理的重要特色和最高境界。日本一些大公司對此深有體會。他們認為，這是戰後日本能夠在短暫的時間內崛起於世界經濟舞臺的重要原因之一。員工自我實現的滿足，主要通過以下幾條途徑獲得：

1. 張揚個性，人盡其才

從用人的角度看，盛田昭夫將美國的企業比喻成一堵磚牆，將日本的企業比喻成一堵石牆，頗有意趣。美國企業聘用人才的順序是：先確定組織，然後劃分各自的工作範圍，最後才開始招聘從事這些工作的人員。經過考核審查，套不進框框的人一律被拒諸門外。這就像一堵磚牆一樣，每個職員都必須像一塊規格一樣的磚頭，恰好嵌進它的預定位置。

日本企業的用人思路則斷然有別。他們第一步是錄用新職員，然後再思考如何排列組合，發揮每個人的特長。新職員往往都受過高等教育，但實踐起來怎麼樣還很難說。這就需要經營者對這些尚未定型的「石頭」進行長時間的觀察以後，用最佳方法將他們巧妙地組合在一起。更重要的是，經營者切切不可忘記「石頭」無時不在改變形狀這一特點。隨著業務內容的變化，「石頭」也需要不斷進行更換。

因此，日本許多著名的企業家聘用人才時，根本無視學歷與文憑，而是看重你的真實能力。盛田昭夫在 60 年代寫了一本題為《讓學歷見鬼去吧》（另譯：學歷無用論）的暢銷書。書中說，他想把新力公司所有的人事檔案燒毀，以便在公司裏杜絕學歷的任何歧視。

2. 培養、信任、重用

松下幸之助有一句響亮的口號：「在出產品之前出人才。」早在二戰前，松下就曾對見習職工的培養發了專門通告。在競爭激烈的日子，松下更不忘發出「關於職工教育個人須知」的通告，把培養員工用文字方式固定下來。松下公司的用人原則是：量才錄用，人盡其才。對可以信賴的人，哪怕他資歷很淺，經驗不足，也會委以重任，讓他在生產實踐中得到完善。公司還常對一些年輕有為的職工委以超過能力的重要業務，用壓力和緊迫感加快他們成才的速度。

被譽為日本重建大王的坪內壽夫在用人上可謂別具一

格。他不隨便信任人；但一旦委任，即全權交付，使其可以發揮最大的能量。坪內將員工素質分為上、中、下三等，其構成比率為3：4：3，而教育的重點就放在最下等的三成。他說：「我從不放棄任何員工，只是教育他們、重視他們，使他們發揮所能。這是一個經營者的本分。因為只要肯做，任何人都可以做到自己認為根本辦不到的事。要訣在於先建立信心。或許教育他們要花費很多時間，但這種時間的運用並不是浪費，因為它可以造就許多人更健全的人生觀。」

3. 勞資平等

與其它國家相比，無論從物質上，還是從精神上看，日本企業的高級管理人員與一般員工之間的差距並不大。也正因如此，在日本，幾乎所有的高級管理人員都是從普通職員階層晉升上來的。勞資平等，是自我實現的前提。因為，人並不僅僅是為金錢而工作。

日本企業大多實行「年功序列」制度，即職員按年齡、工齡計算工資，逐年提薪，一步一個臺階。這就使員工的能力釋放、自我實現通過循序漸進的方式日臻完美。

而在美國的企業中，地位、工作、金錢刺激這三者經常連在一起。因此，即使是年輕人，只要委以重任，就必須支付高薪。這一運作方式的直接而不良的後果是：過早付給某些職員極高的工資，往後卻不能年復一年往上提，到一定程度就只能原地踏步。這勢必引起那些職員的不滿，進而扼殺其勞動積極性與創造性。

通過對比，日本企業勞資平等的優越性便昭然若揭。

4. 民主精神

松下公司「人人是總裁」的管理方法在其質量管理中起到了重大的作用。工人分成許多個質量管理小組，各小組都要定期聚集開會，切磋經營方針，探討生產、銷售及公司的盈利。

在東芝電器公司，有個叫「社長室開放」的獨特規矩。每天從早晨七點三十分開始，到上班時為止，公司同仁，從高級管理人員到下層操作工人，絡繹不絕地進入公司的最高決策部——社長室，見公司首腦，提出各種建議和方案。

「質量是企業的生命。」豐田公司是日本的「企業管理之王」，他們成功的祕訣就在於實施全員質量管理。這些質量管理小組不僅在質量管理上發揮了大作用，還密切了公司管理人員與工人的關係，造就了大批人才。

聽取下屬的建議，讓員工暢所欲言

公司管理者應當使普通員工樹立這樣的態度：員工們有一種主人翁感，對相互之間的問題和目標也有所瞭解。還要使員工們能感到他們有機會接觸高級管理人員；且任何人都不會遠離指揮人員，以致不知道企業正向何處發展。

上司能聽取部屬的意見，他的部屬就必能自動自發地去思考問題。這正是使人成長的要素。設想：身為部屬的人如果經常覺得自己的意見受上司重視，他的心情當然高興，而且會產生無比的信心。於是不斷湧現新構想、新觀念，提出新建議。當然，他的知識也會愈來愈寬廣，思考愈來愈精闢、成熟，最終甚至變成一個睿智的經營者。

反過來說，部屬的意見若經常不被上司採納，他會自覺沒趣，對自己失去信心，從而懶得動腦筋，或下苦功去研究分內的工作，整個人變得附和因循，效率也就愈來愈差了。

經營者若想培養人才，就必須製造一個能接受部屬意見的環境和氣氛。不要只是消極地溝通、安撫，更要積極地採用、推行。這樣才能集思廣益，爭取成功。我們必須承認，一個人的智慧絕對比不上群眾的智慧。所以，上司積極聽取部屬的意見，才能得到共同的成長和較高的工作成效。

不論如何，人總是喜歡在自主自由的環境中做事。惟有如此，創意和靈感才能層出不窮，工作效率才會提高，個人成長的速度也會加快。因此，上司站在培養人才的目標上，必須設法塑造一個尊重部屬的環境，而且儘量採用他們的意見，以協商的手段推動工作。這樣自然能上下一致，相互信任，一方面促使部屬成長，一方面也能使事業突飛猛進。

讓員工選擇自己喜歡做的事

公司管理者應有意識地融洽上下級關係。特別是公司的最高領導者更應該經常身體力行。

新力公司的總裁盛田昭夫有一段時間幾乎每個晚上都和中下級主管一起吃飯，有說有笑，一直聊到很晚。

在聊天的過程中，他注意到一個年輕人心神不定，悶悶不樂，就走上前耐心詢問，叫他把心裏話說出來。

年輕人看了看他，喝了幾杯酒，終於開口：「在我加入新力以前，一直以為這是一家了不起的公司，也是我惟一想進入的公司。但是，由於我職位低下，我只覺得是為某某上司賣命，而不是為公司工作。這樣，我的上司也就成了公司，代表公司本身了。這本來也沒什麼，但偏偏這人是個大草包，我所做的每一件事，所提的每一個建議，都要由他下決定。因此，我對自己在公司的前途很感到灰心。」

這番話深深觸動了盛田昭夫。表面看來，公司已相當融洽，實際上可能也是這樣，但內部肯定還存在類似的問題。必須及時瞭解這些藏在員工內心深處的問題，減輕他們的煩惱。於是，他下令發行一份公司內部周刊，並在上面刊登每個單位或部門現有的空缺職位。

這樣一來，員工們都能夠悄悄試探公司內部其它可能的工作機會。公司也讓員工有機會每兩年調動一次崗位，到其它相關崗位或新的崗位去一展身手，希望藉此讓那些有闖勁，期望一試的員工重新找到適合自己的工作。

這樣一來，員工們經常都有機會找到使自己更滿意的工作，人事部門也可以根據員工的調動情況，揣摩出具體部門管理上的潛在問題。凡是管理不當的主管，公司就將他調到另外一些下屬少的崗位，以減少上下級的衝突。

通過內部職位的流動，公司也能發現一些更低職位（比如守衛）的員工對廣告文案或其它類似性質的工作是否滿意。過去，公司在徵求打字員、司機或守衛員時，不少人因急於找工作，沒考慮仔細就前來應徵。人事部門或其他主管因未徹底瞭解其潛在能力，也就難以每次都量才施用，皆大歡喜。

有了這些機會，員工自己就要主動尋找適合自己的工作。盛田對一位埋怨上司的員工說：「如果你對工作不滿意，就有權利去找一個感覺更愉快的工作。為什麼不去呢？」

一個人若能選擇自己喜歡做的事，就會精神振奮，更加投入。這起碼在新力公司已是客觀存在的事實。新力有很多不同的工作崗位，沒有理由不替他們安排更適合的工作。

營造屬於自己的企業文化

杜拉克在《管理的前沿》一書中提到，企業文化是企業在長期生產經營中創造出的具有企業特色的物質財富和精神財富的總和，它包括企業的目標和宗旨、共同的價值觀念、行為習慣、規章制度以及它們的外在表現——企業形象。它的出現，標誌著企業管理從物質、制度的層次向更深的文化層次發展。企業文化是聯接傳統文化與現代文化、政治文化與經濟文化、世界文化與民族文化的橋梁，具有鮮明的民族、地區和時代特色。世界頭等經濟大國美國就十分重視企業文化的構建。這正是其經濟能迅速發展的重要原因之一。

1. 重視自我價值

美國著名的蘋果電腦公司很重視開發每個人智力閃光點的資源。「人人參與」、「群言堂」的企業文化使蘋果公司不斷開發出具有轟動效應的新產品。強力筆記型電腦就是其中之一。IBM 公司認為，責任和權力是一對孿生兄弟。要使職工對工作負責任，就必須尊重人、信任人，並給予實際的自主權。3M 公司新事業開拓小組的所有組員都是自願參加，他們有高度的自主權。只要小組達到公司的績效標準，便可得到好處。即使失敗了，公司也保證小組成員原來的職位和待遇。異想天開、離奇的想法在 3M 都能得到理解和寬容，科學的設想在 3M 總能找到歸宿。

2. 提倡競爭和獻身

競爭出效益、出成果、出人才，但競爭的目的不在於消滅對手，而在於使參與競爭的各方更加努力工作。美國企業十分重視為職工提供公平競爭的環境和競爭規則，充分調動他們的積極性，發揮他們的才能。如 IBM 公司對員工的評價是以其貢獻度衡量，提倡高效率和卓越精神，鼓勵所有管理人員成為電腦應用技術專家。福特汽車公司在提升幹部時，憑業績取人，嚴格按照「貴以授爵，能以授職」的原則行事。前總裁亨利．福特說：「最高職位是不能遺傳的，只能靠自己去爭取。」

3. 獎勵創新

美國許多企業都用不斷創新保持自己的優勢。杜邦公司成功的經驗是發揚不停頓的精神，不斷開發新產品。3M 公司的成功在於創新有絕招，招招都很妙。3M 不輕易扼殺一個設想。如果一個設想在各部門找不到歸宿，設想者可以利用 15%的工作時間證明自己的設想是正確的。3M 還能容忍失敗。「只有容忍錯誤，才能進行革新。」「過於苛求，只會扼殺人的創造性。」這些是 3M 的座右銘。成功者受到獎勵，失敗者也不受罰。3M公司董事長威廉·麥克唐納說:「企業主管是創新闖將的後臺。」

4. 利益共享

美國許多企業實行股份制。通過職工持股，使職工除工資收入外還能分到紅利。此外還增加了職工參與經營管理的權利，提高他們的身分、地位和安全感。美國最大的連鎖店沃爾特公司、「旅店帝國」希爾頓公司，均將一部分股份作為工資或福利分給職工。惠普公司等還通過增加職工的福利（如為他們的子女提供助學金），讓職工共享公司的成果。

5. 以人為本

恩地科特是美國紐約州西部的一個傍河小鎮。儘管 IBM 的總部設在曼哈頓，但公司真正的靈魂就在恩地科特。在老沃森到來之前，恩地科特的「第一號人物」是喬治·約翰遜，又一位傳奇式的實業家。約翰遜早年經營波士頓製鞋廠的一家小工廠，在自由競爭的資本主義黃金年代，白手致富，成了「歷史上最具進步思想的著名企業家」。他在事業的鼎盛時期來到恩地科特，想把他的企業創辦成「工業民主」的樣板。在這裏，他建起了鎮中心、一座學校、一座圖書館、幾個公園，以及運動場、高爾夫球場，並把它們捐贈給鎮上。在進出恩地科特的高速公路上，約翰遜還修建了兩座用石頭砌起來的拱形大門，在門上銘刻了「公平之家」幾個大字。

不做一人當家的「寡婦」

人都有對權利的欲望和渴求。這是人之天性，誰都不能否認。上級對下級合理授權，是成功的人力資源管理不可或缺的層面。杜拉克說：「所謂管理人職位的範圍及職權，均應力求其寬大。這話的意義無異是說：大凡各項決策，均應儘量沿線下授，交付給須負責行動的人員。」

這是杜拉克管理思想中對授權的解釋。但是，對下屬充分授權並非意味著撒手不管。授權應該有個限度。杜拉克指出：「管理人能做什麼決策和應該做什麼決策，有一個實際上的限度；他應該擁有什麼職權和什麼責任，也有一個實際的限度。」可以把權利與責任聯繫起來，也可以在授權的同時集權。無論以何種方式授權，都不要做得過分。適時適度地授權給下屬，一方面他們會做得更自由、更出色；另一方面，你也不必事必躬親，就有了足夠的時間和精力處理你應該面對的問題，而不是被一些瑣碎小事纏身。

杜拉克合理授權三原則

世上沒有不可能的事，沒有不能解決的問題——杜拉克經常告誡說，任何人處理事情，只要根據下列三個大方向，再難的事都能解決：

一、讓公司賺錢的原則——

問題解決後，公司將會獲利。

二、不賺不賠的原則——

問題解決後，公司沒賺也沒賠錢。

三、少賠為賺的原則——

既然不賺不賠都無法解決，那只好將損失減到最低程度，但問題還是要解決。

有些老闆做事，喜歡權力一把抓，大小事統統自己動手，員工只能當他的副手，造成自己整天忙得像無頭蒼蠅。杜拉克認為，這種「副手」的職位根本稱不上是一種職位，是管理職位設計者的一項錯誤。

1. 充分授權並非不聞不問

有些人對授權有所疑惑，誤認為既已授權，就可以什麼事都不聞不問。其實，這是錯誤的觀念。例如，某知名企業的老闆喜愛釣魚，經常整天不在公司，但公司的業務仍然順利推展。為什麼？原來他做到了充分授權，同時經常指名點將，要被點到者下班後到他家吃晚飯，由他太太親自下廚，煮釣回來的魚。在輕鬆愉快的晚餐中，這老闆就從參與晚宴的管理人員中獲知公司業務的進展以及人事的概況。

授權就是讓員工擁有自主權，好像自己當老闆一樣，獲得尊重與肯定，得到相當程度的成就感。授權並不是要你授權之後什麼都不去管。你仍須隨時待命。當公司遭遇極大的難題，員工解決不了，此時你仍必須親自出馬解決，絕不可不理，讓公司蒙受損失，從而失去授權的真義。

2. 培植潛力員工，讓他做主

公司管理者應充分自信：「因為我有好幹部，我授權給他們全權處理。」尤其在工廠方面，只要他們遵循公司的規定——使公司得到合理的利潤。哪家工廠提供的樣品好，就下訂單給該廠。除非該廠因故不接或倒閉，方允許轉廠。但必須事先徵求公司老闆的同意。他們有百分之百的決定權，決定下多少價格給該廠。但是，在授權之前，你必須親自觀察一段時間，瞭解他對公司的忠誠度與處事的態度、方法。若他忠誠度夠，事情處理公正、迅速又確實，你可採取漸進式的授權，一直到你完全對他信任和滿意，才完全授權，然後在背後做些評估與追蹤的工作。如此才能留住一個優秀的人才。

3. 充分信任部屬，才能得好人才

一位西方大公司的總裁曾說：「我個人經營公司迄今將

近 22 年，員工與我共事超過 19 年的還有六位，這六位分居各重要部門，因而讓我有時間出國考察、念書、打高爾夫球和參加社團。有一年，公司的營業額增長了 95%。但我統計那年公司的員工只增加 11%。所以我將這份榮譽歸於我擁有優秀忠誠的老幹部。因為我授權給老幹部，雖然業務量遞增，但他們擁有完全的自主權，不必事事請示，因而能應付自如。」

任何人不可能什麼事都自己做，必須有心栽培值得信賴又有潛力的員工，耐心教導他們。剛開始的學習階段難免犯錯，致使公司蒙受損失。但只要損失不是太大，不致動搖公司的根本，就把它當作訓練費。待一段時間之後，你認為他已有足夠的經驗與智慧去應付一切事務，就該大膽授權，讓他去做主、發揮。如此，公司才留得住可用之才。這就是公司永續經營之道。

平衡下屬的權利與責任

杜拉克認為，授權需有一個限度，應處理好集權與授權之間的平衡。但實際做起來很困難。其實，最好的辦法就是允許下屬犯錯，根據其業績，調整授予他的權力與責任。

麥當勞的總裁克羅克對此深有體會。他是一個自由思想者，不想阻礙年輕經理的發展，對他們一般採取誘導、諮詢和要求的辦法，從不專斷獨裁。他說：「我喜歡授權，而且一向尊重那些能想到我想不到的好主意的人。」雖然他也會禁止某些主意，但大多數情況下，他鼓勵年輕經理們提出不同的意見，並熱衷於將新主意付諸實踐。他說：「如果有人出了新主意，我會讓他實驗一陣子。有時候，我會犯錯；有時候，他們會犯錯；但我們可以一起成長。」

麥當勞的每一位經理都有自己的發展空間，麥當勞給他們充分授權，讓他們有機會證明自己的能力。在分權管理的制度下，麥當勞的經理表現出對工作很高的熱誠和合作精神。麥當勞給那些一直想找機會表現卻一直未能出頭的人提供從零開始的機會。桑那本就是這樣的一個例證。

麥當勞授予經理們非常大的權利和責任，鼓勵他們發揮所長，使他們在自由與責任之間取得平衡，並且使不同類型之人的創造力朝同一方向同步發展。麥當勞的高級管理人員舉行會議的房間被稱為「戰事房」，這個名字準確地表達出麥當勞的經理人員在激烈的速食業競爭中同仇敵愾的合作精神和團隊意識。

這間會議室裏沒有任何昂貴的裝潢，採環形設計，充分體現了麥當勞平等合作的觀念。經理們可以自由地各抒己見，為公司出謀劃策。新的構想一經產生，就會付諸實施。副總裁庫恩曾對此解釋說：「我們是一群求戰心切的人。儘管我們也會犯錯，但我們可以在錯誤中學習。我們最擅長的就是糾正自己的錯誤。」基於此，麥當勞在經營中總是勇於冒險，不畏失敗。

麥當勞管理的最大長處就是：在美國特有的自我表現和多元文化的背景下達到忠誠和統一。

麥當勞的員工儘管性格各異，各自的發展空間不一樣，但他們都對麥當勞的事業表現出高度忠誠，對他們在麥當勞的共同事業具有一種很強的使命感。在這種使命感感召下，員工們團結一致，彼此生出家人般的親密感，並避免內部彼此間的摩擦、競爭和衝突。上到高層主管，下到普通雇員，無不如此。員工們甚至彼此之間分享個人的快樂和悲傷。

讓下屬充分發揮想像力和創造力

在成功的公司中工作的人都有這種感受：在自己的職位上可以充分發揮想像力和創造力，可以自主地處理自己的業務，完全不必擔心老闆會指手畫腳，事事插手。富比士集團的情況正是如此。富比士的總裁如布魯斯和馬孔・富比士極少對屬下的工作指指點點，而是放手交給他們去做。關鍵是得到成果。

《富比士》能夠一直保持活力，一個重要的原因就是領導人敢於任用和器重年輕人。馬孔・富比士懂得重用有才華的年輕人，不僅給他們提供學習的環境，而且給他們足夠的空間儘量發揮自身的才能。《富比士》一名前任職員麗絲・邁爾說，馬孔・富比士升她為主管的時候，她才 24 歲，要負責屬下 10 名研究人員。如果在《財富》或《商業周刊》，他們絕不會把這種要職交給像她這樣年輕的人去做。

《富比士》前任記者法蘭克・賴利第一天上班的時候，被人領著穿過數不盡的走廊，最後來到他的辦公室，裏面有電話、書籍、鉛筆、紙，還有一架打字機。在這裏，他不必聽命於任何人的指揮，不需要遵守任何時間表，沒有人指派他完成某項特別報導，他只需按自己的習慣自由創作。

有一次，賴利想到了一個很好的報導題材，可當時吉姆・麥可斯不在城裏，他就自作主張，開始收集所需的資料。後來他從東京打電話給麥可斯：「吉姆，我找到一個好題材，可以做封面專題報導。」談過之後，麥可斯表示很滿意。「在《富比士》，我很自由，只要想到可寫的報導專題，不用請示上級也可出國。」法蘭克・賴利至今一提起此事，仍舊感觸頗深。

成功的公司應該具有這樣一種風格：相信你，給你絕對的自由，完全不加限制。只要你的想法獨特、新穎，想怎麼幹就怎麼幹。這正是那些成功的企業能夠一直向前猛衝，最終取得成功的祕訣之一。

幹好、幹壞絕不一樣

杜拉克在《管理實踐》一書中提到：「什麼樣的激勵機制才能最充分地調動工人的積極性？在今天美國的工業界眼裏，答案不言而喻：讓雇員滿意。」

人的需求是多層次的，既有最基本的生存需求，也有高層次的自我實現。對各種需求的滿足就帶來對人的激勵。激勵員工應因人而異，既可物質獎勵，亦可精神鼓勵，抑或二者兼而用之。激勵還要選取適當的時機。適時的激勵往往可以挖掘出員工潛在的能量，向更高的目標邁進。當然，激勵不能過濫，否則就會失去它的意義。

激勵的基本原則：獎勵與實績掛鉤

美國通用食品公司總裁 C．弗朗克斯曾說：「你可以買到一個人的時間，可以雇用一個人到指定的崗位工作，甚至可以買到按時或按日定出計畫的技術操作，但你買不到熱情，買不到主動性，買不到全身心的投入，而你又不得不設法爭取這些。」

這句話，十分形象地道出了企業管理中所面臨的難題。

如何實施激勵措施呢？最基本，也是最簡單的原則就是把獎勵與工作實績掛起鉤來。

在某些公司，對一件好的建議，不是作為建議者的功績，而是作為上級的功績，當作上級發跡上升的資本被利用。但是，這在 IBM 是不可能出現的事。

IBM 對職工的智慧和發明創造，一律用高額獎金鼓勵。某種建議應付多少獎金，某種發明應獎勵多少錢，在發明創造制度中都規定得清清楚楚。《IBM 人事管理手冊》中的發明創造制度一章中就有「獎金與表彰」這個項目，明確規定了「只要提出好的建議，就付給報酬」，為進一步提高職工的創造熱情注入強大的經濟動力。

發明創造被採納時，提案者從下列各部門受到表彰：

（一）節約額明顯的發明創造，從實施之日至一年期間的估計節約額中，取其 25% 作為獎金支付。

（二）對產品的質量、信用程度／為用戶服務／現場安全、衛生或保密改善等方面的節約額無法計算的發明創造，依據獎金評定計分表進行評價，按其所得分數付給相應的獎金。

（三）共同的提案，獎金均分。

（四）發獎時，如提案者已經退休，獎金照發。

激勵的根本目的：使員工眾志成城

對員工進行培訓和教育，只是公司加強質量管理的手段之一，要真正達到以質量取勝的目的，還需要在工作中不斷激勵員工，為他們注入工作動力，提高工作熱情。

杜拉克認為，在激勵員工的措施中，金錢並不總是起作用，「金錢獎勵不是動力的源泉」。促使員工努力工作的最佳動力是：「給員工合理的晉升機會」。

日本施樂公司將提拔、晉升的標準分為三類：工作模範、能勝任工作和需要督促工作。凡是被提升到公司最高層前 50 個領導崗位的人都必須完全是工作的典範，積極投入到質量管理中去。想成為較低層次的經理，則必須起碼能勝任工作。至於需要別人督促工作的那一類員工則根本不可能被提升。

這樣，表現良好的員工就會感到自己能得到迅速提拔，於是他們會以更高的熱情投入工作。謝爾比・卡特就是這樣一名員工。他是施樂公司的銷售人員。最初他是一名推銷員，工作積極肯幹並善於動腦。他每天不停地在外面奔波銷售。他的妻子總是在他的車裏放上一大罐檸檬，這樣他可以吃上一整天，而不必吃午飯。卡特有自己的推銷策略。他常說：褲子右口袋處常有磨損的推銷人員一定是遇到困難就退縮的人，因為他同客戶握手之前，總要在褲子上將手中的汗水擦掉。這說明他過分緊張，因而決不可能取得成功。

卡特以自己的聰明和肯幹，為公司銷售了大量產品。於是他得到逐步提拔，最終被提升為全國銷售經理。事實證明，他的確是個稱職的經理人員。

卡特最喜歡做的事情之一就是將鑲在飾板上的長獵刀獎給那些真正表現傑出的員工。這些獵刀代表著一種神話，得到它比得到獎金更有意義。得到獎勵的員工會把獵刀掛在辦公室的牆上。所以，在施樂公司的辦公室裏常常會看到這些獵刀。

卡特還常以熱情的演說鼓舞員工的士氣。他會在動員大會上爬到大客車的車頂，用麥克風激勵推銷員高舉施樂的旗幟走向戰場。他還經常主持所謂的「噴射機小組會」：他乘坐噴射機在一天內接連飛往兩三個城市去鼓舞士氣。

在紐約，會議地點是希爾棒球場。卡特的演說使在場的推銷員都聽得入了迷；當他們走出棒球場，便以近乎瘋狂的熱情去銷售影印機。

由於晉升的機會把握在自己手中，所以施樂的員工充滿熱情和幹勁。即使在街道上散步，他們也會觀察兩旁的建築群，思考如何使每一幢建築裏的公司行號，都成為施樂影印機的用戶。

激勵的最佳方法：目標激勵

企業人才只有在科學的目標誘引下，才能發光發熱，展現聰明才智。杜拉克在他的管理學著作中曾舉出 IBM 公司的例子：「IBM 已決定廢除通用性的定額標準，他們採取讓工人自己訂出定額指標。試行的結果充分說明這種做法非常對頭。」他認為：「為了激勵員工獲取最佳績效，還有一件很重要的事得做，那就是管理層必須對自己的工作績效提出更高的目標與標準。因為更有效地完成管理職能，是決定工人能不能達到最佳績效的關鍵。」要激勵員工，「讓他們自覺地去工作。能做到這一點的惟一辦法便是讓他們將眼光放得遠一些，把目標訂得高一些。」這些都充分說明，目標在激勵員工中所起的作用。

新力有這麼一種傳統：當部門裏哪一個人獲得新發明或新創意時，整個部門都為他高興，人人都大感振奮。這也從另一個側面體現了「一榮俱榮，一損俱損」的新力企業精神。

所以，員工們感於同事的創意，會更加努力尋找自己的目標，爭取在自己的崗位上有所提高、有所創新。這就迫使每一個員工去進一步熟悉自己的領域，和同行、和對手相比較，找出差距，發揮餘熱，提高自己的觀察能力和實際操作水平。那些敢想敢幹的員工心裏也就沒有顧慮，只有動力；在生產、製作、開發的過程中就會主動多個心眼，加上自己的理解和創意，在別人沒有做過的事情上試一試身手。

高層主管也經常深入下屬，瞭解進程，總結經驗和教訓，並不斷提出和修改新的目標方案，以使目標更科學、更完善。

這樣就調動了大家的聰明才智，集思廣益，「眾人拾柴火焰高」，整個公司擰成一根繩，專闖未知領域，去超越同行，領導國內乃至世界開發新潮流，做稱職的世界浪頭的「先鋒霸主」。

這種「目標激勵」的用人機制，確實值得參考和借鑒。

人事決策如走鋼絲

杜拉克對人事任用高度重視，並提出了人事決策的概念。他說，領導人花在人的管理與進行人事決策上的時間應當遠超過花在其它工作上的時間，因為沒有任何其它決策所造成的後果及影響會像人事決策與管理上出現的錯誤那樣持久而又難以消弭。然而，總的看來，儘管領導人在這方面的確費盡心思，但他們所做的有關人員晉升與人員配備方面的決策還是不盡如人意。杜拉克遺憾地說：「我們對人之管理的瞭解其實遠比對其它管理領域的瞭解更多更廣，但對人的管理的成就卻遠比其它方面的管理落後。在其它管理領域，可能很難找到如此可悲可歎的績效了。」

因此，要進行成功的公司管理，領導人所做的人事決策即使不可能十全十美，也應力求使它的得分接近一百。

人事決策乃公司之大事，不可不察

杜拉克認為：對公司來說，人事決策絕大多數是一些風險高卻又不得不做出的決策。因為，工程師的績效與管理人的績效之間可能沒有一定的相關性。同樣，一個表現突出的一線管理者被提拔到總部從事職能工作，或者職能部門的專家被調至一線工作崗位，他們在不同崗位上的績效也同樣毫無相關性。同時，「人們難以檢驗、預計一個人的氣質、性格是否能適應一個新的環境，只能通過經驗去加以判斷。

如果將某人從一個職位調到另一個職位，結果造成職位與人不適應，那麼，做出此項決策的管理人就必須改變這種不適應，而且應盡快改變。」他還應告誡自己：「我犯了一個錯誤，改正這個錯誤是我應盡之責。」

如果維持這種不適應，讓人們幹他們所不能幹的工作，這根本不是什麼仁慈，而是一種殘酷之舉。但也沒有必要將這些人辭退。一家公司總會有一個好的工程師、好的經營分析家、好的營銷主管施展才能的場所。較合適的辦法是將這些不稱職的人調回原來的或性質類似的職位上。

選人難，選優秀的領導人才更難。美國大陸航空公司的創始人西科斯充分認識到這一點：「沒有一個決策比選定繼承人對企業的前途更具重要性了。」因此，他慎選繼承人，前後用了近 20 年的時間，可謂慎之又慎。

人事決策的四條準則

杜拉克說：「根本就沒有什麼一貫正確的選才標準。」然而，我們必須十分慎重地對待人事決策，並仔細推敲。杜拉克建議，在做出人事決策時，應遵循一些相同的準則：

一、如果我給某人安排一項工作，而他幹得很不出色，那麼，這是我的過錯，不必責備他。沒有什麼可抱怨的。

二、「士兵有權得到能夠勝任的統帥。」這已是朱利斯．凱撒時代的一個古老的格言了。領導者的責任就是要確保組織中挑大梁的人能夠稱職。

三、在領導人的所有決策中，沒有哪個決策與人事決策同等重要。因為關於人的這些決策，決定了組織能否做出績效。因此，應該儘量做好這些決策。

四、不要給新來的人安排新的重要工作，因為這就意味著冒險。應將這類工作交給那些你所瞭解的且已在你的組織中獲取信任的人。將高水準的新來者首先安排到一個既有的職位上。在這一職位上，由於人們對他的期望一目瞭然，因而他易於獲得所需要的幫助。

正如邱吉爾的祖先，莫爾巴勒公爵在三個世紀前所指出的：「戰爭中的主要麻煩是，人們必須把勝利的希望寄託於這樣的指揮官：他是靠名聲而不是靠功績為人所知的。」

在企業中就和在軍隊中一樣，沒有經過一定時間建立起來的個人閱歷，就既不存在信賴，也不存在有效的溝通。

人事決策的五個步驟

除了提出了人事決策的幾個基本準則之外，杜拉克他還歸納了做出有效的人員晉升與人員配備的政策的幾個重要步驟：

1. 仔細推敲任命

當面臨一項挑選一個新的地區營銷主管的任務時，負責此工作的領導人應該首先弄清楚這項任命的核心：要錄用並培訓新的營銷員，是因為現在的營銷員都已接近退休年齡？還是因為公司雖在老行業幹得不錯，但一直沒有滲透到正在發展的新市場，因而打算開闢新的市場？或是因為，大量的銷售收入都來自多年如常的老產品，而現在要為公司的新產品打開一個市場？根據這些不同的任命目標，就需要不同類型的人。

2. 選擇一定數目的潛在的合格人才

這裏的關鍵是「一定數目」。正式的合格者是考慮對象中的極少數。沒有一定數目的考慮對象，候選人的素質就無法保證。要做出有效的決策，領導人必須著眼於 3 ～ 5 名合格的候選人。

3. 認真考慮該如何看待這些侯選人

如果一個領導人已經研究過任命，他就明白一個新的人員最需要集中精力做什麼。核心問題不是「每個候選人能幹什麼？不能幹什麼？」應是「每個人所擁有的長處是什麼？這些長處是否適合於這項任命？」短處是一種局限，它當然可以將候選人排除出去。例如，某人幹技術工作可能是一把好手，但任命所需的首先是候選人必須具有建立團隊的能力，而這種能力正是他所缺乏的，那麼，他就不是合適的人選。但一個有效的領導人並非以尋找候選人的短處為出發點。你不可能將績效建立於短處之上，而只能建立於候選人的長處之上。

成功的管理者都求賢若渴，但他們都知道，他們所需要的是勝任的能力。有了這種能力，組織總能夠為他們提供其餘的東西；若沒有這種能力，提供再多東西也毫無作用。

4. 與幾個曾與候選人一起工作過的人討論每位侯選人

一位領導人的獨自判斷是毫無價值的。因為我們每個人都會有第一印象、偏見、親疏好惡，我們需要傾聽別人的看法。在軍隊中挑選將領，或天主教堂中挑選主教，這種廣泛的討論被目為選拔程序中的一個正式步驟。能幹的領導人會非正式地從事這項工作。

德意志銀行的前總裁赫爾曼・阿貝斯所挑選出的成功的骨幹人員比其他人所挑選的都多。絕大多數高層經理都是由他親自挑選。也正是靠著他們，創造了戰後德國的「經濟奇蹟」。他總是首先與3～4名他們的前上司或同事一起檢驗、考察他們。

5. 確保受任人瞭解職位

受任人在新的職位上工作了3～4個月後，應將精力集中到職位的更高要求上。領導人有責任把他召來，對他說：

「你當地區營銷主管已 3 個月了。為了使你自己在新的職位上取得成功，你必須做些什麼呢？好好考慮一下吧！一個禮拜或 10 天後再來見我，並將你的計畫、打算以書面形式交給我。」與此同時，還要指出他可能已做錯了什麼。

如果你沒有做這一步，就不要埋怨你任命的人成績不佳。應該責怪的是你自己，因為你沒有盡到一個領導人應盡的責任。

人員晉升的一個最大的錯誤是未曾考慮工作職位的要求，也沒有幫助上任者考慮過。杜拉克舉了他以前的一位頗有才華的學生為典型之例。這個學生被一家公司晉升為工程經理，一年中他自以為幹得極為出色，但公司最終認為他並不勝任。大多數人並不能自發而明確地瞭解到：一項新的不同職位同時也需要新的不同行為。

年輕時的杜拉克晉升到一個更重要的職位，四個月後，他的上司指責了他。在這位上司召見杜拉克之前，杜拉克一直像以前那樣幹著。值得稱道的是，上司覺得他有責任讓杜拉克知道：一個新的職位，意味著不同的行為、不同的焦點、不同的關係。

| 第三章 |

成功的戰略與決策

正如杜拉克所說：「不管管理者做什麼，他都是通過決策進行的。」「管理始終是一個決策的過程。」在管理工作中，決策的重要性為大家所公認。但是，現在人們把很多注意力都集中在解決問題上，這也就是說，主要精力都集中在尋找答案上。這種做法是錯誤的。在管理決策上，最常見的毛病就是只強調尋找正確答案，而忽視了尋找真正的問題所在。這種決策只做一些不重要的、日常事務性的戰術決策。真正關係重大的決策其實是戰略決策。它所做的是弄清情況或改變情況，查明資源或瞭解應該有哪些資源。當管理者就必須做戰略決策在管理層次中所處的地位越高，要做的戰略決策就越多。

宗旨及使命：
戰略運籌與決策的出發點

杜拉克認為，企業的建立及經營，首先必須設定綱領性的基本理念，而其中的首要內容應是關於企業宗旨和使命的設想。他說：「每一位偉大的企業創始人都有一套關於本企業的明確理念，藉此指引他的行動與決策。」

真正成功的企業家進行戰略決策，都必然有一套明確、簡要且深刻的理論，而非僅憑直覺做出決策。也就是說，企業家的每個戰略決策都首先要看它是否符合本企業的宗旨及使命。因為，真正成功的企業家，他的目的決不僅僅是集聚一筆財富，而是要建立一個足以長存於世的組織。只有在明確界定了企業機構的宗旨和使命之後，企業機構才能制訂其明確適宜的目標。可以說，企業機構的宗旨和使命是企業決定其優先順序、策略、計畫及工作配置的基礎，也是管理職位設置的出發點，更是組織結構設計的出發點。而這些戰略決策的制訂，有待於瞭解：「本企業是一家什麼企業？以及它應該是一家什麼企業？」這就是企業的宗旨和使命。

本企業是一家什麼企業？

表面上看，想要知道一家企業究竟是幹什麼的，是再簡單不過的一件事，答案也最明顯不過。例如，製鋼廠是一家製鋼的企業；鐵路是利用火車做客運和貨運的企業；銀行是從事資金借貸的企業。但是，「本企業是個什麼企業？」這其實是個非常難以回答的問題。

最早對這一問題做出正確回答的是美國電話電報公司的維爾。當時他說：「本企業是一個服務於大眾的企業。」現在這句話聽起來，誰都知道。但是，當時情況並非如此。

第一，當時的電話系統是壟斷性事業，極可能被政府收歸國營；而且，在一個工業化國家中，由私人經營的電話公司的確是一項例外，沒有社會的支持，恐怕難以生存。

第二，在當時的情況下，美國電話電報公司想贏得社會支持，僅靠幾句宣傳口號是不夠的。要贏得社會的支持，只有靠「創造顧客的滿足」。而要做到這一點，便非要在企業政策上做到根本創新不可。不但對全體員工，要求切實做到「全力服務」，在公共關係上也必須特別強調「服務」。不但要特別重視研究發展和技術領先，還得有一套「以服務為目的」的財務政策，更需要管理階層設法融通資金和賺取投資報酬。

今天，如果誰再提出維爾的那番話，一定會被認為即便不是老生常談，也是盡人皆知了。可他的這一理念是經過多年的「考驗」而得到印證的，當年曾被人認為是一種「邪說」，遭到公司上下的強烈反對。事實上，當年維爾正式向公司當局提出這項意見時，竟然被公司解聘了。一直到過了10年之後，公司當局感到沒有宗旨的痛苦，也就是說，由於沒有明確的宗旨和使命，導致經營上的重大危機，有可能被政府接管時，只好又將維爾請了回來。

企業機構的挫折及失敗，最重要的原因極有可能就在於沒有深思其企業的宗旨及使命。反過來說，諸如美國電話電報公司等等成功的企業，其成功的因素也得歸功於他們對「本企業是什麼企業」曾經過審慎思考，有了明確的答案。

那麼，為什麼許多企業的管理階層不肯提出這一問題呢？原因雖然很多，但最主要是因為這個問題一經提出，幾乎必然會引起爭論和反對。

即使在高層管理本身，對這個問題也可能會發生意見分歧和對立。彼此都是同事，共同工作了多年，總以為彼此都能瞭解了，可是這個問題一經提出，才發現原來彼此的看法竟然有著本質上的差異。

這項決策太重要了，不是眾口一辭、齊聲稱頌就能決定的，到頭來必須有所抉擇，必須在若干項不同的方案中做出抉擇，而不能壓抑不同的意見和觀點。

事實上，能夠將不同的意見分別提出，這件事的本身就對企業機構非常有益，因為它是朝向有效管理邁進的一大步。高層管理的成員可以由此瞭解他們本身之間的意見。這樣，他們才更能協同一致，更能彼此瞭解各自的立場和行為。反過來說，有分歧而未能表達，不明確說出每個人對本企業的看法，正是發生摩擦的癥結所在，最終可能使高層管理趨於分裂。

對於「本企業是什麼企業？」的問題，為什麼必須使高層管理成員的不同意見表達出來，最主要的原因在於這個問題「決不是只有一項正確答案」。這問題的答案不可能由邏輯推演出來，也不可能由「事實」抽繹取得。這個問題的答案需要判斷，也必須具有勇氣。決不是說「因為人人都這麼認為」，它就是真正的答案。這個問題的答案，決不能「人云亦云」；決不能指望迅速獲得，也決不能指望不費吹灰之力就能得到。

為什麼管理階層不願明問「本企業是什麼企業？」這還有第二項原因，那就是他們不願多聽他人的意見。而「本企業是什麼企業？」卻正是人人都可以說出一套意見的問題。管理人士大多不願使他們的機構因為這個問題而人人喋喋不休，成為一個充滿爭辯的機構。

誰是我們的顧客？

一家企業抓好產品或服務固然重要，但先要知道顧客的需求和想法。公司的高級主持人總以為他們的顧客會花費時間研究他們的產品。其實，究竟有幾位家庭主婦會花時間去研究洗衣粉呢？她們發現某一牌子不好，簡單得很，只須換購另一種牌子就是了。顧客所需要的只不過是想知道該項產品或服務能給他們什麼。他們所感興趣的只是他們自己的價值觀，他們自己的需要。

由此可見，回答「本企業是什麼企業？」必須從顧客著手，從顧客的情況、行為、期望和價值觀考慮。

1. 誰是顧客？

這裏有一個例子，可以說明「誰是顧客」這個問題的重要影響。這例子是第二次世界大戰以後，美國地毯工業的故事。

地毯工業是自古就有的一項工業，沒有什麼了不起的技術。但在第二次世界大戰結束後的一段時期中，卻是美國經濟中一個市場推銷上巨大成功的典範。一直到 50 年代早期為止，將近 30 多年時間，地毯工業始終振作不起來，持續低落。然而，僅僅在若干年中，這一低落的趨勢整個扭轉了。

在此以前，地毯製造業者一直宣傳：地毯是最便宜又美觀的家庭布置。但這樣的宣傳並未真正改變消費者的行為。後來，地毯業者不再用這樣的宣傳和推銷方法了。他們開始自問：「誰是我們的顧客？誰才應該是我們的顧客？」

在過去，地毯製造業者認為擁有自己住宅的人，尤其是剛購置住宅的人，才是他們的顧客。但是，那個時候，年輕夫妻買了房屋，便再也沒有閒錢購置地毯之類的奢侈品了。地毯業者檢討了「誰是我們的顧客，誰應該是我們的顧客」之後，才發現他們如果想取得成功，應該轉移目光，去尋找那些成批建造住宅的建築商。那些建築商才應該是他們的顧客。建築商如果能在建造住宅時便將地毯鋪在房屋內，會獲利更多。這種看法的改變，也表示地毯的推銷應該從小片地毯轉向「牆到牆」的大地毯。過去建築商用的小地毯，鋪設時須將地板打光。而採用「牆到牆」地毯，鋪設和打光地板的成本便能節省下來，結果成本反而更加低廉，看起來卻更為豪華。

地毯製造業者還發現了另一途徑。一般家庭購置地毯，往往需要籌措一大筆款項。為什麼不採按月付款的辦法？因此，他們開始努力接洽貸款機構，承擔這項貸款的業務。最後他們還將他們的產品重新設計，使建築商能夠為屋主選購。從此，地毯製造業開始發展，取得了成功。

2. 顧客在什麼地方？

二十世紀 50 年代以來，美國一直在國際金融界居於領導地位。這遠不止因為他們擁有較優的資源，主要還是他們正確掌握了「我們的顧客在哪裡」的答案。美國金融業者檢討了這個問題，發現他們過去的老顧客——美國的許多大公司都走上跨國經營的道路。他們的分公司遍布全世界，不再局限於紐約或舊金山。顧客已經跨國經營了，美國金融業者立即追隨；他們服務顧客的資源也不再是來自美國國內，而是來自國際市場本身，尤其是來自歐洲的美元市場。

3. 顧客買些什麼？

比如，一位花了七千美元買一輛凱迪拉克的顧客買的究竟是什麼？是交通工具還是「聲望」？凱迪拉克能與雪佛蘭相比嗎？能與福特相比嗎？能與德國福斯相比嗎？那位在30年代經濟蕭條期間接辦凱迪拉克業務，德國出生的服務機械員杜瑞斯達回答：「凱迪拉克的競爭對象是鑽石和貂皮大衣。凱迪拉克的顧客買的不是汽車，而是地位。」正是這個回答，挽救了日益下滑的凱迪拉克。僅僅兩年的時間，凱迪拉克便又站起來了，成為一家成功的企業，雖然當時正值經濟蕭條。

4. 顧客眼中的價值是什麼？

最後這個問題應該是最重要的一個問題，但也是最容易被人忽略的問題。許多管理人都自以為他們已知道答案。管理人認為所謂「價值」就是他們的企業中的「品質」。其實，這個答案錯了。

舉例來說：十幾歲的少女認為皮鞋的價值便是時髦。穿皮鞋非趕上時髦不可，而價格只是次要的考慮。經久耐穿更不是皮鞋的價值所在。幾年後，等她長大，自己做了母親，「時髦」逐漸演變成只是一個條件。她當然不肯買太落伍的東西，但她也同時重視耐用、價格、舒適和合腳了。

同是一雙皮鞋，賣給少女最暢銷。但是，即使比她僅年長幾歲的姐姐，價值觀便可能大不相同。

顧客購買的絕不會是一項「產品」，而是一種需要的滿足。顧客購買的是價值。然而，製造業者不能生產「價值」，他們所能製造和銷售的只是產品。因此，製造業者所考慮的「品質」也許根本不切實際，也許完全是一種無用的浪費。

大凡一家公司的顧客，為數當不止一種。顧客不同，「他們的價值觀是什麼？」就成了一個極其複雜的問題，只有顧客自己才能回答。管理階層絕不能妄加猜測，必須親自與顧客接觸，有系統地找出答案來。

總之，任何一家企業，在他們探討「本企業是什麼企業」之前，都必須先探討「誰是我們的顧客，我們的顧客何在，顧客的價值觀如何」等等問題。任何一家企業都是由它的貢獻所決定。顧客付出的才是企業的收益，其它一切都是成本。這就是說：如何決定企業的宗旨和使命，應該走「由外而內」的路線，即「由市場開始」的路線。

本企業將是一家什麼企業？

「本企業是什麼企業？」對於這個問題，即使已經有了最好的答案，這答案也遲早會變得過時。

因此，管理階層在自問「本企業是什麼企業」的同時，應該再問一句：「本企業將是什麼企業？環境已發生了什麼變化，可能對本企業的性質、宗旨和使命產生重大的衝擊？」以及：「我們應如何將我們的預期融入我們的企業理論？融入我們的目標、策略和工作配置？」

杜拉克認為，為解決這些問題，我們仍需以市場為出發點。假定顧客、市場結構、技術都未發生根本變化，那麼，5 年或 10 年之內，我們預測我們的企業能有多大的市場呢？有些什麼原因能證實或推翻我們的預測？

最重要的趨勢是企業家很少給予注意的一項趨勢：人口結構的變動和人口的動態。傳統上，企業家一如經濟學家，都認為人口統計是一項常數。以過去來說，這未嘗不是一個適當的假定。除非遭遇了天災人禍，人口變動一向相當緩慢。但是，到了 70 年代，情況就不同了。無論是發達國家還是發展中國家，人口變動都非常劇烈。

其實，早在 1950 年，便應該能夠預測這一變動的發生。也的確有若干出版商看到了這一點。美國許多成功的雜誌，從《商業周刊》到《現代新娘》，從《運動畫刊》到《花花公子》，從《科學美國》到《今日心理》或《電視雜誌》，都看到了這項變動。

這些新雜誌，無論是在編輯、發行和廣告方面，都運用了當年暢銷雜誌所採用的基本理念。他們運用那些基本理念，還配合了新的人口結構，配合了興趣專門化的人口區分。這幾份新雜誌至少都有 50 萬份以上的銷量；但他們都未迎合所有的讀者，並未包羅萬象。這些雜誌都是分別針對某一類型的人群開拓機會。因此，他們能夠爭取到讀者，卻沒有花費太大的代價。反之，過去的那些暢銷雜誌，銷路卻越來越困難了。其結果，新興的專門性雜誌便大行其道。

總而言之，管理階層需要預測市場結構的變動。市場的結構因經濟的變動而變動，因時尚或口味的變動而變動，也因競爭的變動而變動。

本企業應該是一家什麼企業？

提出「本企業將是什麼企業」這個問題的目的，在於使我們能針對預期的變動而採取相應的措施。因此，它的目的在於對現有營運中的企業，做適當的修改、擴充和發展。但是，我們還應該進一步追問：「本企業應該是什麼企業？」

有些什麼機會已經顯現？還有些什麼機會等待我們開拓？通過我們的企業改革，是否能達成企業的宗旨和使命？

企業機構忽略了自問這一問題，就有可能錯過許多重要的機會。例如美國的人壽保險業者一向認為人壽保險是為美國家庭提供投資服務及安全的事業。在第二次世界大戰以前，這樣的政策的確最能符合他們的企業宗旨和使命。但是，自從第二次世界大戰之後，大多數美國人都有了相當高的收入，有了相當多的儲蓄，因而對於購買壽險已經沒有太大的需要。而且美國人都對通貨膨脹極為敏感，對於金額固定的傳統儲蓄和投資也存有戒心。

這時的美國人壽保險業者大都情況良好，保有良好的市場。他們已經擁有相當可觀的客戶。因此，保險業者便幾乎沒有人自問：「本企業應該是什麼企業？」結果，人壽保險便一直在走下坡路。第二次世界大戰前，人壽保險本來是一般中等階級僅次於家庭儲蓄的一項投資；而 70 年代已經下降到第三、第四位，而且仍在繼續下降。新增的儲蓄大多流到共同基金和養老基金去了。

人壽保險公司並不是沒有創新。事實上，一切可以運用的資金工具，人壽保險公司都早已經用上了。他們所惟一缺少的便是沒有認真地自問：「本企業應該是什麼企業？」

確立企業宗旨和使命的兩點要求

要回答上述幾個企業的基本問題，以界定「企業的宗旨和使命」，有兩點需要把握：一是把握探討的時機；二是即時檢討企業經營中有哪些內容與新確定的企業宗旨和使命不相容。

1. 把握探討「企業宗旨和使命」的最佳時機

大多數管理人士都不肯自問「本企業是什麼企業」等問

題;即使他們肯自問，也多是在公司遭遇到了困難時才自問。當然，公司遭遇困難，就非探討這個問題不可了。在這種時機自問這一問題，的確可能起到起死回生的效果，挽救企業的厄運。比如，前面介紹過的貝爾系統的故事、美國地毯工業的故事。通用汽車公司也是如此。在岌岌可危時，通用汽車公司自問了「本企業是什麼企業」，結果成功了。

可是，要到企業發生問題再研究，無異於玩一場賭博。這不是負責任的管理。其實，早在企業機構初創的時期，尤其是早在企業機構成長的時期，便應該自問這一問題了。它應該一開始便建立明確的經營性概念。

個人當老闆，也許不必問企業的宗旨是什麼。比如，某君在自己的車房內配製了一種新配方的清潔劑，自己上街兜售。也許他只需知道自己的產品確能去汙便夠了。可是，如果他的銷路好，是否需要另外請人為他配製？是否必須決定是仍舊沿街叫賣，還是改由零售店銷售，如百貨公司、超級市場、雜貨店等等？是否需要另外增加幾項產品？這時，他就要問一問「本企業是什麼企業」了。否則，縱使他的產品極為優秀，恐怕最後也仍舊得走沿街叫賣的老路。

應該在什麼時候探討企業的宗旨和使命呢？最重要的一個時機應該是在享受成果的時候。

因為某一行為而取得成功，那麼，成功後這一行為往往就會成為過時的東西。成功必將帶來新的現實，而且也必將帶來新的、與往日不同的問題。

古希臘人深知:成功後的過分自信，必帶來嚴重的後果。公司處在全盛時期，管理階層若不肯自問企業的宗旨和使命是什麼，不用多久，其成功恐怕將免不了轉成失敗。

1920 年代，無煙煤和鐵路原是叱吒一時的美國最為成功的企業。這兩大企業都自信獲有天助，動搖不了他們的獨霸局面。他們都認為他們的企業是什麼實屬明確不移，不必多事操心。他們的管理階層認為成功是理所當然的。結果，他們的領導地位很快崩塌下來。

總之：管理階層在達成了企業的目標之際，便應該切實自問「本企業是什麼企業」和「本企業應該是什麼企業」。對於這個問題，管理階層需要展現責任感。回答這個問題是管理層的天職。因為，如果不問，終將難免走下坡路。

2. 及時檢討舊的業務是不是符合本企業的宗旨和使命

企業機構的戰略決策必須重視舊業務的「計畫性撤退」。舊的業務也許不再符合本企業的宗旨和使命；不再能滿足顧客的需要；不再能做出良好的貢獻了。凡此種種，都必須有計畫地做系統性的撤退。

在研討本企業是什麼企業，將是什麼企業和應該是什麼企業的時候，有一項必要的步驟：對一切現有的產品、服務、製造流程、市場、用途及配銷途徑等等，進行系統化的分析。這些項目是否仍具有活力？是否仍能保持活力？是否仍在顧客眼中具有價值？是否明天還能有其作用？是否仍能符合人口與市場、技術與經濟的現實？如果答案是否定的，那麼我們應該如何撤退？或至少應該做到如何不再投入太大的資源和努力？除非這種種問題都做了認真而系統的檢討，除非管理階層願意革新，我們對於「本企業是什麼企業、將是什麼企業、應該是什麼企業」的答案才不至於淪為空口說白話。

企業目標：
戰略運籌與決策的歸宿點

我們已經充分認識到「本企業是什麼企業、應該是什麼企業」等問題對於戰略決策的重要性。但是，我們還要看到，光有這些檢討仍然不夠。企業機構的意義和它的宗旨及使命必須進一步轉化為戰略目標。有了正確的戰略目標，企業的經營才能找到正確的方向。否則，再好的決策也只是空想，只能是「空中樓閣」。

將企業宗旨與使命轉化成戰略目標

常言說:「政治上沒有重點就沒有政策,軍事上沒有重點就沒有戰略。」要將企業宗旨和使命轉化成有效的目標,第一項決策就是:決定應集中於什麼事物。換句話說,應該首先決定企業的「基本策略性目標」,即企業的「戰略目標」。

馬克－史賓塞公司與其它許多同業並沒有什麼不同，是一家連鎖雜貨的公司，供應各色各樣種類繁多的貨品，它們共同的一點是：**價廉**。在制訂了戰略目標後，它把力量集中在「服裝」上。

在當時的英國，服裝仍舊代表身分，也只有衣著最能「看」出身分的高低。可是，到了第一次世界大戰後，整個歐洲都講求「時裝」。在那同時，品質好而價格廉，大量生產的紡織品問世了。那是由於第一次大戰期間軍人需要大批軍服的結果。新式的紡織纖維也問世了。但是，當時的英國還沒有為消費大眾供應裁製優秀的廉價衣著的配銷系統。

意識到這個問題之後，馬克－史賓塞公司集中力量，進軍這一領域。不出數年，馬克－史賓塞公司就已經成為英國服裝及紡織業首屈一指的配銷商了。他們的領導地位一直維持到 1972 年，服裝類的銷貨高達公司總銷量的四分之三。

二次大戰後，馬克－史賓塞又將同樣的思考運用於另一類商品：**食物**。英國人對於飲食，一向拒絕任何「創新」。但在大戰期間，英國人學會了接受新的食物。在馬克－史賓塞公司 1872 年的銷貨中，除去服裝類之外，其餘的四分之一便是食品。

馬克－史賓塞在20年代初期，甚至於直到30年的初期，已是一家成功的連鎖零售店。但數十年來，它有意改變自己，走上「專門店」的道路，成為該領域世界最大的業者。

它採取的「集中」決策，使它得以制訂特有的市場推銷的目標。有了這樣的決策，才容易確定誰是它的顧客，和誰應該是它的顧客；顧客需要的是怎樣的店鋪，和何時需要那樣的店鋪；以及應該怎樣訂價，和應該深入怎樣的市場……等等。

馬克－史賓塞公司的另一課題是「創新」目標的問題。在它推行「創新」的時候，服裝和紡織品並沒有什麼創新的問題。馬克－史賓塞公司也像其它大型零售業者一樣，從質量管理開始。但是，它又進一步將它的試驗所建立成研究中心、設計中心和發展中心，研製出新的紡織品、染料、製程和混紡品等等，還發展了新型設計和時裝。而且，它還進一步四出尋找最適當的廠商，協助它建立新的業務。第二次世界大戰後，它又將同樣的一套創新方式應用在食品方面。

它設定了市場推銷的創新目標。舉例來說，早在30年代之初，它就首先進行了顧客調查。這在當時是毫無前例可尋的，連調查方法和技術也需要自行發展。

它又設定了各類資源管理的目標。例如管理人的進出、訓練和培養等等。資金上，它制訂了一套系統的發展計畫，還擬定了管制這類資金運用的辦法。又例如對公司各地的零售店，它也設定了一套發展的目標。

在設定有關資源運用目標的同時，還設定了有關生產力的目標。它仿照美國的辦法，原已制定了各項成果測定和管制的措施。在20年代至30年代初期，它開始自行研討各項目標，以作為不斷改進各項主要資源的生產力之依據。結果，使得公司的資本生產力升揚得特別高。

馬克－史賓塞還設定了公司的社會責任目標，特別是對本身的員工及其供應商的社會責任。它建立了一套所謂「女性幕僚經理人」的制度，負責照顧店員，處理人事問題，俾能在員工的照顧上情理兼顧。

對供應商的關係，目標也與此類似。供應商和公司合作得越成功，其對公司的依存關係也越大。但是，公司並不「剝削」各供應商；因為公司管理層對防止各供應商「被剝削」極為關切。它特別為此發展出一套所謂「放款制度」。這一制度與英國 18 世紀早期的制度完全不同，目的在於使供應商獲利，而決非高利盤剝，使供應商無以維生。

那麼，公司的盈利目標又如何？事實上，馬克－史賓塞公司可以說並沒有設定盈利目標，幾乎絕口不談盈利目標。但是，它獲利頗豐，也深具盈利意識。公司並不把利潤看作目標，而是視為一項基本條件。

換句話說，盈利不是目的，只是一種必須。在公司看來，利潤不是企業活動的目的，而是其自有的成果。而且，利潤的高低是依據達成公司目標的需要而定。所謂「盈利力」，只是企業機構達成其服務顧客及市場的一種測度。總之，這只是一項限制條件：企業機構如果不能獲得足夠的利潤以抵禦風險，便無法達成目標。

可以說，打從一開始，馬克－史賓塞公司便已將各項目標轉化成各人的工作配置；已探索過每一目標應達到的成果和貢獻；已將各項成果和貢獻分派給每一人員，責成每個人應負的責任；同時也已經分別按第一目標，評定各項績效的貢獻了。

將戰略目標細化為可操作性的具體目標

馬克－史賓塞公司的故事，為我們勾勒出了企業目標的具體內涵。

一、企業的目標應從「本企業是什麼企業、將是什麼企業和應該是什麼企業」推演出來。但企業目標不是這項研究的摘要，而應該是一種「行動的承諾」，藉以達成企業機構的使命；也應該是一種「標準」，藉以測度企業機構的績效。換句話說：所謂目標，應該是企業機構的「基本策略」。

二、企業的目標必須是「可操作性」的，應該可以轉化為特定的目的及工作配置；應該足以成為工作及成就的基礎，和工作及成就的激勵。

三、企業的目標，應該足以成為一切資源與努力所集中的重心；應該能從諸多目的之中找出重心所在，以作為企業機構人力、財力和物力運用的依據。因此，企業目標應該是「擇要性」的，而非包羅萬象，涵蓋一切。

四、企業機構不僅只有一個單獨目標，而是擁有「多重目標」。這一點特別重要。許多有關所謂「目標管理」的討論，往往認為企業機構應制訂「一項」正確的目標。這種看法不但有如探尋「點金石」一樣不切實際，還將造成「禍害」，使人淪入歧途。企業的管理應該是求取多重需要和多重目的的平衡。因此，企業目標也必是多重性的目標。

五、凡屬有關企業機構生存的事項，均需設定一項目標。各項特定目標的內涵，每家企業各不相同，應該視每家企業機構的策略而異。目標雖不相同，但必須設定目標，在這一點上則是一樣的，因為這是企業賴以生存的因素。

大凡企業機構，首先必須能夠「創造」顧客。因此，它少不了「市場推銷目標」。企業機構又必須能夠創新，否則難免被競爭對手擊敗。因此，它又少不了「創新的目標」。

任何企業機構都有賴於經濟學上所稱的生產三要素，即人力資源、資本資源和物力資源。因此，企業機構又少不了這三項資源的供應、使用和發展的目標。這些資源必須具有生產性的運用，其生產力也必須不斷成長，企業才能生存。因此，企業機構又少不了「生產力目標」。企業機構是在社會裏生存，因此必須達成其所負的社會責任；至少企業本身對社會所產生的衝擊負有社會責任。因此，它又少不了它對社會的目標。

最後，企業機構還需要「利潤」。企業沒有利潤，一切目標就不免流於空談。所有各項目標的達成又需要「成本」的投入。企業機構必須以其賺取的利潤為資金來源。而且各項活動均各有其風險；既有風險，自然必須獲取利潤，以負擔可能的虧損。利潤本身雖不能算是一項目標，卻是一項基本需求，分別由個別企業的策略、需要及風險而定。

因而，在以下八個主要項目上都得制定目標（1）市場推銷（2）創新（3）人力資源（4）資金來源（5）物力資源（6）生產力（7）社會責任（8）利潤的需求。

這些主要項目有了目標之後，當然有助於：第一，將這些目標作為企業機構全盤活動的概括和介紹；第二，將這些目標以企業營運的實際經驗為印證；第三，用來預測企業機構的行為；第四，用來檢討企業決策的優劣；第五，使各階層管理人得以分析其本身的經驗，從而提高績效。

正確地運用企業目標

企業的目標是工作和工作配置的基礎，是企業結構、各項主要業務活動及企業員工分配任務的決定依據。只有在企業的目標這項基礎之上，企業的結構、內部的分設單位及管理人的配置才可以得到適當的設計。

一個企業機構對上述的八大項目均應各有其目標，還須有一套測度尺規。如果沒有測度尺規，項目的意義就會含混不明。因為，如果說企業的目標只能表示一種「意願」，這些目標便將形同廢紙。企業的目標必須轉化為各項工作。而談到所謂工作，總是具體的，也應該是一種清晰、確切且可以測度的成果；是一項「限期」，也是一項特定的責任指派。

但是，如果企業目標變成企業的一件「緊身衣」，那就弊大於利了。須知所謂目標，是以「期望」為基礎，而「期望」終歸是一種「猜測」。所以，企業的目標代表的是對於各項因素的衡量；這些因素大部分來自企業以外，也大多非企業本身所能控制。而世界卻永遠不曾靜止。

企業目標最好的運用方法應該像航空公司運用其飛行時間班次表。時間表上說明某班飛機上午九時自洛杉磯起飛，下午五時抵達波斯頓。如果當天波斯頓氣候不佳，有大風暴，班機便不宜按表直飛波斯頓，而該在匹茲堡降落。但是，任何航線都不能因此而沒有時間表和飛行計畫。臨時的改變，都必須立即回應，以便訂出另一新的時間表和飛行計畫。但若一家航空公司訂好了一套時間表和飛行計畫，結果竟有百分之九十七的飛行不能遵守，恐怕它就非得另請航空管理人不可了。

企業的目標不是命運的導引，而是方向的指標；不是命令，而是承諾。企業的目標不能決定企業的未來；它只是一套有效配置企業資源的方法，藉以創造企業的未來。

經營理念：
戰略運籌與決策的依據

企業界的超級巨星有時會突然業績下滑，市場競爭頻頻受挫，經營陷入困境，而且應付這類危機時似乎又感到力不從心。危機的根本原因並不是管理者工作做得不好，甚至不是他們做錯了什麼事。那麼，為什麼會出現這種明顯矛盾的現象呢？答案是：管理者據以建立並經營一個組織的理念已不符現實所需了。這些經營理念決定了一個組織將開發哪些市場及顧客、將和什麼樣的競爭者競爭，也決定了組織的價值觀及行為。它們決定了一個組織將以哪一種科技及發展趨勢作為經營方向，從而界定它的競爭優勢與弱點。

在杜拉克看來，企業經營的理念就是一家企業在建立之初及進行戰略決策之始，必須嚴重關切、慎重解決的頭等大事。

經營理念具有巨大的威力，但必須隨時勢而變化

不論商業還是非商業，任何組織都有自己的一套經營理念。一套定義明確、前後一致，能夠掌握重點的經營理念所發揮出來的威力非常可觀。然而，杜拉克說：「一套成功的經營理念必須隨著時勢而變化。否則，它反而會讓人走向失敗。」

早在 20 世紀 20 年代初期，通用公司即假設，在美國的汽車市場中，買主對汽車價值的看法是一致的，因此可依不同等級的汽車價位及各價位所對應的不同客戶層做出明顯的區隔。通用汽車惟一需要掌控的一項獨立變數就是「年份還很新的」二手車的價格。通用提供誘人的二手車收購價格，鼓勵車主升級購買更高一級的車種，也就是購買利潤更高的新款車型。

在公司內部的生產運作方面，通用連續大量生產同一款式的汽車，每年只做小幅度的改款。於是，每年市場上都會固定出現大量相同的汽車，而且通用把每輛汽車的成本壓到

最低。

通用汽車把關於市場和生產的理念應用到組織結構上，設計出半自主性的事業部門。總公司讓每一個事業部經營一個顧客層，並特意安排較低所得層的事業部，把旗下最高級車的價格和上一層旗下最便宜車型的價格重疊。如此一來，通用公司幾乎是強迫車主隔幾年就要換購更高級的新車，因為公司開出來的舊車收購價格實在太誘人了。

此一經營理念就像一道魔咒，讓通用公司順利度過了 70 個年頭；連 30 年代的經濟大蕭條也不例外，當時通用不僅沒有虧損，反而在市場佔有率方面持續穩定成長。然而，到了 70 年代末期，這個關於市場及生產的理念失靈了。汽車市場已經細分為高流動性的「生活形態」區隔，收入水平只是諸多影響購買決策的因素之一，而不再是惟一的因素了。與此同時，逐漸流行的精實生產模式也創造出小批量生產的規模經濟。具體說來，精實生產容許業者小量生產不同規格及型號的產品，成本甚至比大量生產同一種產品還低，而且利潤更高。

構建屬於你自己的經營理念

要構建屬於你自己的經營理念，必須分析經營理念是如何構成的？杜拉克把經營理念分為三個領域：

第一個領域是對組織外部的假設；即關於社會及其結構、市場、顧客與科技情況的評估和判斷。

第二領域是對組織特定使命的假設。在第一次世界大戰結束 10 年後，英國的馬克－史賓塞百貨公司界定其自身的經營使命為「建立全英國第一家對不同階級出身之購物者一視同仁的零售商」，從而使自己成為促進英國社會改革的原動力。美國電話電報公司把自己的使命界定為「確保每一個美國家庭及公司行號都能夠裝設電話。」一個組織的使命不一定非要那麼有野心不可。和上述例子相較，通用汽車公司的經營使命則是：「成為陸上動力運輸設備的領導者。」這就保守得多了。

第三領域是對核心競爭力的假設：為了達成既定的使命，組織應該具備什麼樣的能力？以創立於 1802 年的西點軍校為例，它把自己的核心競爭力定義為「培育出能贏得部屬信任的領導者」的能力。大約在 1930 年時，馬克－史賓塞百貨公司把「確認、設計、開發（而非向外採購）公司所販賣的產品」的能力界定為自身的核心競爭力。大約在 1920 年，美國電話電報公司把「建立科技領導地位，讓公司能在穩定維持低費用率的同時，持續提升服務品質」的能力界定為公司的核心競爭力。

一個組織對外在環境的假設，界定了它今後獲取報酬的範圍；對使命的假設表明了在整個經濟體系及社會中，它對自己能促成什麼樣的改變有些什麼期待；對核心競爭力的假設，界定出它必須勝過競爭者以維持其領導地位的範疇。

建立一套實際可行的經營理論有哪些要求呢？

一、一個組織對外在環境、使命，以及對核心競爭力的假設必須與現實相符。

二、組織對三個領域的假定必須互相吻合。

三、經營理念必須讓組織的所有成員知曉並瞭解。

四、經營理念必須經常測試。

（編按．經營理念並不是刻在大理石板上完全不能改變的文字。它是一種假設，一種對不斷變化中之事物（社會、市場、顧客、科技等）的假設。因此，一套經營理念必須納入能夠改變這種理念的能力。）

面臨經營理念逐漸跟不上時代潮流的窘境，組織的第一個反應幾乎如出一轍：先採取防禦措施。這種防衛心態就像鴕鳥碰到危險時，習慣性地把頭埋入沙子裏一樣，以為這樣就沒事了。第二個反應是企圖修補。以德意志銀行為例：事實上，當德國已快速興起一家接一家大企業時，對仍然堅持走「家庭銀行」路線的德意志銀行而言，這一趨勢的確是突如其來，完全出乎經營者意料之外的危機，但這也清楚地指出這家銀行的經營理念已經失效。也就是說，德意志銀行已無法遂行當初創立時的宗旨——幫助現代企業更有效率地經營事業。

然而，單靠修補，一點用都沒有。相反地，當經營理念剛露出和現實狀況脫節的徵兆時，經營者就應該重新審視現有對外在環境、經營使命及核心競爭力的假定，以瞭解它們是否準確地反映了現實狀況。在此之前，管理人應做好心理準備，也就是先設立這樣的前提：「過去多年來使公司不斷成長的歷史傳承，也就是公司賴以成功的經營理念，其效力可能已經不足以應付現時的需要了。」

果真如此，管理人應該採取什麼樣的措施呢？

預防勝於治療，組織應採取預防措施，也就是事先建立一套能系統地監視並測試既有經營理念的制度。早期診斷出病因也很重要。最後，管理人應當重新思考已經步履維艱的經營理念，採取有效的行動，改變現有的政策，擬出組織使命的新定義，追求有待開發或取得的新核心競爭力，並同時審視組織行為是否符合外在環境的新現實。

預防經營理念失效的措施

既然經營理念會失效，而且一旦失效，對企業經營的消極影響非常巨大，因而就必須想辦法預防它的失效。杜拉克提出了兩種預防企業經營理念失效的措施：

第一個措施叫作「拋棄」。每隔一定時間，組織都應該對現有的一切提出質疑，對所有的產品、服務、政策及配銷渠道提出問題：「如果我們還沒有進入這些領域，那麼我們現在還會考慮進入嗎？」透過質疑那些已被大家接受的政策與業務運作的程序，組織將迫使自己重新思考行之多年的經營理念，進而檢視自己對外在環境等的假定是否已與現實情況脫節。組織將被迫自問：「為什麼五年前一切順利的作法，現在行不通了？是不是我們犯了什麼錯誤？還是我們現在做的事情不對？或是我們做的雖是對的事情，卻沒有產生預期的效果？」

如果不能有系統、有目的地拋棄現有的一切，那麼面對外在環境創造出來的新機會，組織將因為賴以維生乃至於曾經成功的經營理念已經落伍，而無法採取積極的應對措施。

第二個預防措施是研究本業以外的領域，特別是「非顧客」的部分。近些年來，走動式管理已經成為時髦的管理模式。當然，盡一切可能去瞭解自己的顧客也很重要。然而，那些重大改變的最初徵兆幾乎都出現在非顧客那一邊。非顧客的人數總是遠超過顧客。以今天美國零售業的巨子華爾超市為例，它佔有全美消費品市場的14%。這就意味著此一市場中有86%是這家公司的「非顧客」。

及早診斷並校正經營理念

企業經營中最大的問題莫過於所依據的經營理念已經過時而不自知。因此，想要及早知道經營方向有無偏差，管理人必須特別留意初期的警訊。只要留心，完全可以抓住這種初期警訊的「蛛絲馬跡」。

第一，當組織實現創立時所設定的原始目標時，其經營理念往往就開始與現實脫節了。因此，一個目標取得之時，不能忘了進行新的理念思考和擬定。20 世紀 50 年代中期，美國電話電報公司已經完成了讓每一個美國家庭及公司機構都裝設電話的使命。因此，公司的一些主管明智地指出，現在是重新評估經營理念的時候了。他們建議把市內電話業務與尚有成長潛力及未來前景的業務分隔開來，先從長途電話開始，再拓展到全球電信領域。可惜他們的建議並未受到其他主管重視。幾年後，這家公司因墨守成規而出現經營危機。拯救它的反而是反托拉斯法案。美國政府下令強迫 AT&T 分割業務。這恰是這家公司當初一些明智者提出應做而另一些領導不願主動去做的事。

第二，快速成長是經營理念遇到危機的另一個信息。在短時間內業務量突然成長兩倍或三倍的組織，我們可以合理地推斷，這種成長幅度很可能已超過其原始經營理念所能負荷的量。

就在日本進口車快把美國三大汽車製造業（通用、福特和克萊斯勒）逼得走投無路時，克萊斯勒卻在另一個領域取得勝利，完全出乎業界和專家的意料之外。克萊斯勒在傳統轎車市場的佔有率下降得比通用和福特更為嚴重。然而，它在吉普車和迷你廂型車市場獲得出奇的好成績。當時，通用公司是美國輕型卡車市場的領導者。無論就產品的設計或品質來說，通用的領導地位都不是競爭者能夠輕易撼動的。

儘管如此，通用仍絲毫未注意到輕型卡車的產能。儘管輕型卡車和迷你廂型車已被大多數車主用於載人而非載貨，在傳統的統計數字中，這兩款車種仍一如以往，被歸類於商用車，而非家庭用車。如果通用肯稍微留心，注意到克萊斯勒在吉普車和迷你廂型車市場獲得成功的事實，就會更早認識到自己對市場與核心競爭力的假設已雙雙落伍了。

第三，和非預期的成功一樣，非預期的失敗也是重要的信息，應該得到應有的重視。

歷史上發生經濟大蕭條的時候，西爾斯羅伯即認定，汽車保險已演變成一種附屬於汽車的「附加商品」。於是西爾斯羅伯公司決定銷售此一產品。沒想到推出新產品之後沒多久，汽車保險立刻成為它最賺錢的業務。20 年後，它又做了另一個正確的判斷：鑽石戒指已經變成必需品而非奢侈品。如今它已成為全世界最大，可能也是最賺錢的鑽石零售商。基於過去的幾次成功的經驗，公司於 1981 年判斷，金融商品已變成一般美國家庭都會購買的消費品，決定進入理財市場應該是合乎邏輯的決策。公司買下迪恩偉特公司，並在店內設置理財產品專櫃。但這次它慘遭滑鐵盧。

一般美國大眾顯然並不認同把金融商品視為「消費品」的觀念。西爾斯羅伯公司最後終於放棄原先的做法，轉而把迪恩偉特作為一個獨立於連鎖店之外的事業經營。結果該項業務的業績立刻飛速成長。到了 1992 年，西爾斯羅伯將迪恩偉特轉售時，著實賺了一筆可觀的利潤。

管理人的先見之明在於抓住經營理念的運籌

當組織生病時，管理人通常習慣於企盼奇蹟發生，盼望有人揮一揮手中的魔杖，就能化解組織的經營危機。然而，一家公司需要的是能夠認真負責的管理人。

管理人是否聰明並不重要，重要的是他是否認真負責地擬定、維持，直到重新檢討、更正一套經營理念。組織高薪聘請某人擔任總裁，就是希望他能做到這一點。

雖然許多企業的高級主管表面上看來是不折不扣的奇蹟創造者，其實他們每一位都是因為經營方向出了問題時，憑著自己的真本事開創出了新局面。我們不能依賴奇蹟創造者讓那些已變成古董的經營理念恢復生機。其實，這些被認為是奇蹟創造者的管理人都是從診斷病因和分析問題著手的。他們都承認，想要達到高難度的目標，並讓組織迅速成長，一定要用嚴肅的態度重新思考現有的經營理念。

必須承認，任何經營理念都會逐漸退化，從而跟不上時代的發展，並且相信，一個效力正退化中的經營理念就相當於一種危及組織生存的疾病。再者，拖延時間絕對無法治癒退化性疾病。這類疾病需要醫生當機立斷，採取必要的治療措施。

基礎性決策：
戰略運籌與決策的主要內容

需要進行決策的內容，其重要程度有大小之分。軍事上說：「沒有重點，就沒有戰略。」在決策中，只要抓住共性和根本性的內容，其它問題就會迎刃而解。

可作為戰略運籌與決策的內容很多，對於不同的企業，需要決策的內容又千差萬別。但這些不同的內容對於企業來說，重要程度卻不盡相同。其中，有幾項決策屬於共性和基礎，是每家企業必須首先做出的。

確定企業的經營概念

確定企業的經營概念是戰略運籌與決策的一個重點內容。企業經營概念也就是經營理念。

在前面，杜拉克把它作為戰略運籌和決策的依據做了專門論述。在這裏，他再次提及它，將它放在戰略決策整個過程的首要決策內容加以概述。

杜拉克認為，每家企業對自己的業務都存在一定的概念：關於企業自身及其能力的描述。比如，企業管理者經常做出這樣的結論：「這不是我們的業務。」或者這麼說：「這不是我們的做事方式。」這就是由企業的經營概念所決定的。它決定了決策者怎樣看待企業，願意採取哪些行動過程，什麼樣的行動對他們來說是難以接受的。

企業的概念常常被定義為一個領域，在這個領域，企業必須獲得或維護領先地位。例如：一家生產企業把企業的經營概念定義為:「我們的業務是將高能物理用於工業生產。」一家家庭服務雜誌，其理想的陳述可能是：「服務於為家庭感到自豪並樂於照料它的一家之主。」它強調的是服務領域，並隱含重視家庭責任感的道德觀。

明確企業的獨特長處

第二個戰略運籌與決策的重要內容是確定企業的優點或長處，也就是企業的卓越性。這使得企業表現出個性化特點。確定企業的卓越性，也就是決定對企業來說，真正重要的努力是什麼以及應當是什麼。

關於卓越性的定義必須是可操作並能指導行動的特點，對人事決策也是根本性的：由此決定誰應當受到激勵？我們應當雇用誰？企業應當去吸引什麼樣的人？他們需要什麼樣的吸引？

卓越性的定義不能經常改變。這種定義是根據人們的價值觀和行為進行表述和體現的。但也沒有一個關於卓越性的定義永遠有效，因此必須對它進行定期檢查並做出適時的變更與修正。

在企業概念、結構、市場或主要知識領域中發生的任何變化，都可能要求對企業卓越性的定義做出改變。

確定優先的行動次序

不論一家企業是如何簡單有序，它所要做的事情總會越出可獲資源提供的可能。但是，當面對的機會非常多時，企業要嘛根據優先性進行決策，要嘛就什麼也不做。在這些決策中，企業應該對它自己、對它的經濟特性、對它的優點和弱點以及它的機會和需要做出最終的評價。

優先決策可將好的意圖變成有效的承諾，將洞察力轉化為行動。優先決策也決定了企業的基本行為和戰略。

似乎沒有人在設定優先次序時出現困難。通常情況下，困難在於決定哪些是非優先的，也就是不應該去做的事。

進行優先決策，最重要的事情是深思熟慮和有自覺意識地去做這種決策。

關於企業概念、卓越性及優先次序的決策，可以通過系統途徑或偶然方式做出。一般而言，它既可以由企業的最高行政主管做出，也可能由級別較低、有技術專長、真正決定企業特徵和方向的人做出。

沒有一個公式能為這些決策形成一個正確的答案。但如果無視其重要性而草率決策，必然會得出錯誤的結果。為了增加得到正確答案的機會，這些關鍵決策必須有計畫地做出。這是高層管理必須擔當的責任。

系統程序：
戰略運籌與決策正確有效的保障

知道了決策的出發點、目標、依據和需要決策的重點內容，不一定能做出正確的決策，還要看有沒有一套科學有效的決策程序。

有效的管理者知道什麼時候應依據原則，什麼時候又應依據實際情況做決策。但是，管理者的決策是一套系統化的程序，應當具有明確的要素和相關的步驟。這種決策的過程大致可以分為五個階段：弄清問題所在、對問題進行分析、制訂可供選擇的方案、尋找最佳解決方案、使決策生效。

弄清問題所在

杜拉克認為，生活中，幾乎沒有什麼問題會使人覺得非要進行決策不可。有些事物第一眼看上去彷彿可以構成問題，其實它們很少真正成為重要的問題。它們充其量只是一些問題的症狀罷了。有些一目瞭然的症狀，往往最說明不了問題。

為了弄清問題，管理者應該從發現「關鍵因素」做起。必須首先改變這些因素，否則就難以改變其它任何事，也難以採取任何行動。

例如，一家頗具規模的廚房用具製造商十年來把主要的管理精力都放在降低生產成本上，結果成本的確降下來了，利潤卻沒有提高。對關鍵因素進行分析之後表明：真正的問題出在銷出去的產品組合上。公司的銷售人員只管大力推銷那些最好銷、最能吸引顧客的低價產品上。結果是，公司銷售越來越多的微利產品，而其他競爭對手根本不將功夫花在這種產品上面。隨著生產成本的降低，產品的售價也降低了。銷售量雖然增加了，但這種增加純粹是虛的，而不是增值。實際上，公司已越來越經受不起市場的波動了。

因此，只有弄清問題主要出在產品的組合上，公司才有可能解決這一問題。也就是說，只有當你提出「造成這種狀況的關鍵因素是什麼？」這個問題時，才有可能將情況弄清楚它的癥結點。

對問題進行分析

找出真正的問題，訂出目標，再定下規則，這三者合起來就構成決策的第一階段。這樣就把問題弄清楚了。第二階段是對問題進行分析，歸類，並找出有關的事實。

對問題進行歸類，就能明確必須由誰做決策，決策時必須徵求誰的意見，決策做出後必須通知哪些人。如果事先不做歸類的工作，最終決策的有效性將會受到嚴重的影響。因為，只有歸類之後，才能使決策者明確哪些人該幹哪些事，也才能使決策轉化為有效的行動。

對做決策的經理來說，醫生的一句老話很適用：「最好的診斷學家並不是做過很多正確診斷的醫生，而是能及早發現並糾正自己診斷之錯誤的醫生。」

制訂可供選擇的方案

為每個問題多考慮幾種不同而可供選擇的解決方案，這應該是一條不變的規則。否則，我們就會陷入「兩者擇其一」非此即彼的錯誤陷阱之中。假如有人說：「世界上的事物非紅即綠。」絕大多數的人肯定都會反對。然而，我們中間大多數人每天都在這樣行事。這裏有兩個概念：一個涉及一對真實的矛盾，比如說綠色與非綠色，它包含了各種可能性；另一個只是一種對照，比如說綠色與紅色，用的只是在許多種可能性中舉出了兩種。然而，人們經常把這兩個概念混為一談。由於人們常常喜歡走極端，這就更增加危險程度。在「黑與白」之間的確存在各種可能的顏色，這些顏色並不包含在黑白兩種顏色之內。然而，當我們說「非黑即白」時，往往會認為我們已提到黑白之間的各種顏色，因為我們提到的是顏色的兩個極端。

準備各種可供選擇的方案，這是將基本判斷提高到自覺判斷的惟一途徑，它可以迫使我們對選擇進行審查，測試它們的有效性。可供選擇的方案並不是智慧的保證，也不是正確決策的前提。然而，它們至少可以讓我們避免犯只要仔細一想就可以不必犯的錯誤。

對可供選擇的各種方案進行考慮，其實也是發掘和訓練我們的想像力的惟一辦法。考慮不同的方案就是人們稱之為「科學方法」的核心。不管被觀察到的現象是多麼平常、多麼熟悉，真正的一流科學家總願意考慮各種不同的解釋。這也正是一流科學家的一個共同特點。

當然，尋找和考慮可供選擇的不同方案並不能讓你得到所缺乏的想像力。但絕大多數人的想像力並沒有得到充分發揮。一個盲人肯定無法學會看見東西。令人吃驚的是，有正常眼力的人卻對很多東西視而不見，只有經過系統訓練之後，他才學會了觀察事物，才能感覺到很多以前感覺不到的東西。

根據問題的不同，可供選擇的方案也會有所不同。但還有一種可能的方案也必須考慮進去，那就是：不採取任何行動。不採取任何行動與採取某種具體的行動同樣都是一項決策。然而，很多人並不理解這一點。

尋找最佳解決方案

從各種可能的方案中挑選最佳方案，杜拉克認為，有四條準則可以遵循：

1. 風險收益比。

管理者必須將每種行動方案的風險及預期收益進行權衡。不管採取哪種行動都會有風險，就是不採取任何行動也不能避免風險。但最關鍵的既不是預期的收益，也不是可能會發生的風險，而是收益與風險的比率。對每種選擇有多大成功的希望或者有多大的風險，心中必須有數。

2. 省力。

哪一種行動方案花的力氣最小，而效果最大？哪一種方案既能獲得所需要的變化，同時又不會對機構產生重大的干擾？操著牛刀殺雞的管理者太多了，但拿著彈弓打坦克的管理者也不少。

3. 時機。

如果情況緊急，較為理想的行動方案就是大張旗鼓地宣傳決策，讓企業裏的成員都知道某個重要決策即將出臺。從另一方面說，如果需要做出長期和一貫的努力，那麼開頭不宜匆忙，以便能積蓄起足夠的力量。在另外一些情況下，解決方案不能再做改動，因此必須把企業裏各類人員的看法提高到一個新的高度。還有一些情況，最關鍵的是邁出第一步，最終目標暫時可以不提。

4. 資源的局限性。

最重要的資源是執行決策的人，對這些人的局限性也必須充分考慮到。沒有什麼決策會比貫徹決策的人更重要了。他們的觀察力、稱職程度、熟練程度及理解能力決定了他們能做些什麼，哪些事他們做不了。一項行動方案若想成為惟一正確的行動計畫，就得要求執行者擁有比現在更高、更多的品質，從而必須努力提高他的能力和標準；或者就去尋找具有這些品質的新人。這是很自然的事。但是，管理部門每天做決策，制訂程序或政策，卻從來不曾問問自己：「我們有沒有貫徹執行這些決策的手段？有沒有可以貫徹執行這些決策的人才？」

使決策生效

最後，任何解決方案必須在行動上生效才有意義。

時下人們將大量時間花在「推銷」自己的解決辦法上，

其實那是浪費時間。這種做法講究的是只要有人「買」自己的主意和點子就行。但是，管理者決策的實質是要別人去執行，使決策生效，它總是涉及到別人應該做什麼事。因此，只是將決策買回來是遠遠不夠的，必須將其當成自己的決策才行。

說到「推銷」，就會引出另外一個問題：什麼才是正確的決策，要由「客戶」的需要決定。

不過，這是一條有害和騙人的原則。什麼是正確的，應該由問題的性質決定，而「客戶」的願望、需求和能否接受，與決策的正確與否毫不相干。如果決策是對的，那就必須引導人們接受這一決策，不管一開始他們是否喜歡它。

假如不得不花時間去推銷一項決策，那就說明準備工作尚未做好。在這種情況下，要使決策生效是很難的。不應該將介紹決策的最終結果太當一回事。

「推銷」決策說明了一個重要的事實：管理者的決策之性質就是要通過其他人的行動使之生效。「做」決策的管理者實際上並沒有做什麼決策，他只是設法弄清問題，制訂出目標及規則，給決策分類，將資訊做一番歸納，設法尋找可供選擇的方案，即通過分析判斷，挑出解決問題的最佳方案。然而，要使解決方案成為一項決策，還必須行動。這恰恰就是做決策的管理者拿不出來的東西。管理者只能與他們溝通，告訴他們應該做些什麼，鼓勵他們將應該做的事做好。只有當他們採取了正確的行動時，決策才算真正完成。

要將解決方案轉化成行動，就要求人們懂得自己在行為上必須做出哪些改變。他們需要學習的是以新方式行事所必須和最基本的東西。如果這項決策要求人們一切從頭學起，需要他們徹底改頭換面，那就是一項差勁的決策。有效溝通的原則就是要用精確、明白且毫不含糊的方式指出重大的偏差。這樣就能做到既經濟又準確。

戰略計畫：
戰略運籌與決策順利實施的前提

杜拉克解釋：「戰略計畫是一套連續性的程式，以便使我們的決策系統化。它是有系統地將我們的努力加以組織，以執行這些決策，又是通過一種系統和有組織的回饋，以測定這些決策的成果，使之與我們的期望相對照。」鑒於此，他說：「這樣看來，所謂戰略計畫，只不過是將原有的事務加以組織化罷了。但是，我們必須了解，這樁任務倘若不予以組織化，就很少能夠成功；倘若我們不刻意推行，也很難成功。」

處理好戰略計畫與短期目標的關係

要管理好一家企業，管理階層沒有別的辦法，只有推斷未來，塑造未來，求取短期目標與長期目標的平衡。但未來不會憑空來到，不會因我們希望其來到而來到。未來的來到有待我們「現在」做出決策。未來也將隨著風險而來，而且這種風險可能就在眼前。未來的來到，需要我們「現在」有所行動，還必須靠各項「現有」的資源，尤其是人力資源的分配。未來的來到，更需要我們的「現在」的工作。

其實，所謂「現在」和「短期」，都和戰略計畫一樣，必須有其戰略性的決策。所謂「長期性」的戰略決策，大部分是由「短期」的決策所構成。戰略計畫和決策如果不能以短期計畫與決策為基礎，如果不能融合於短期計畫與決策之內，那麼最審慎的戰略計畫也必將只是紙上談兵。反之，短期計畫如果不能納入一致性的行動計畫之中，那麼它也必然只是一種揣測、權宜和一種無方向的蠻幹。

戰略計畫的最後目標，在於認定一種新而且與當前不同的企業、技術與市場，作為本公司努力創造的長期指標。但是，這項工作必須從「本企業當前是什麼企業」開始。事實上，應該說是，必須從「本企業當前應該放棄哪些業務？應該減輕哪些業務？又應該加強和著重哪些業務？」開始。

走出戰略計畫認識上的四個「誤區」

對於戰略計畫的認識，存在四個「誤區」，管理人必須首先弄個清楚。

①戰略計畫不是魔術箱，不是一大堆方法和技巧。它應該是一種分析性的思惟，是將各項資源用於行動的承諾。

②戰略計畫不是「預測」，不是要掌握未來。任何人如果試圖掌握未來，都是愚不可及的。未來是不可知的，企圖設法求未來的「可知」，結果必將損害自己。

③戰略計畫不是討論「未來的決策」，它討論的是當前之決策的「未來性」。所謂「決策」，只有「現在」才有。戰略計畫的決策人面對的問題不是明天應該做些什麼，而是：「我們今天必須做些什麼，才足以為一個不確定的明天做準備？」這個問題不是在未來發生，而是「在我們今天的思想和行動上，我們必須建立怎樣的未來？必須考慮多遠的時間？我們應該如何運用一切情報，現在就做出一項合理的決策？」

④戰略計畫不是消除風險，甚至於也不是為了降低風險。如果一心一意地只為消除或降低風險，反而會造成不合理的風險，甚至於造成某些不幸。

戰略計畫必須跳出「昨天」的圈子

企業的計畫應該從企業的目標開始。目標有許多項目，對每一個項目，我們都應自問：「我們現在必須做些什麼，以達成明天的目標？」要走向明天，第一件事便是跳出昨天的圈子。大凡一項計畫，大多涉及全新的任務，例如新產品、新製程、新市場等等。希望明天能做些新的不同任務，關鍵應當在於拋棄今天不再具有意義、過時和失效的任務。

計畫的第一步在於針對我們的活動、產品、市場詢問：「如果今天不立即做出承諾，我們能夠走進去嗎？」假使答案是否定的，應該接著問：「我們應該如何跳出來？多快？」

「跳出昨天的圈子」，其本身也是計畫。能夠有系統地跳出來，便已足夠。跳出了昨天，才能迫使我們思考和行動；轉移我們的人力和金錢，從事新的任務；激發我們新行動的意願。

反過來說，如果不肯跳出舊的和無意義的昨天，僅是要求增加新的，則其成功的可能性必然不大。這樣的計畫恐怕始終不免是一紙計畫，無法成為事實。跳出昨天是一項決策，是許多企業機構的戰略計畫中從來沒有做過的決策。

計畫的第二步是問：「我們該做些什麼新的？做些什麼不同的？什麼時候做？」

幾乎在任何一項計畫中，所見到的都是：「應該將已做的再予加強。」當然，「已做的做得不夠，尚須加強」，這總是最安全的假定。但是，「尚須做些什麼」僅是問題的一半。問題的另一半：「什麼時候需要做？」也同等重要。這個問題為我們決定著開始新工作的時機。

所謂「時機」，不是靜態的，也不是人定的。在計畫制訂的過程中，有關「決策時間」的決策，其本身便是一項風險。時間的決策，決定了資源和努力的分配，也決定了風險的高低。我們不能一再拖延我們的決策。拖延決策本身也深具風險；而且一經拖延，便無法再提早。

杜拉克最後總結說：戰略計畫有幾項關鍵要義。第一，它是為達成目標所不可或缺的系統化工作，和必須刻意進行的工作。第二，它以「跳出昨天的圈子」為起點；在計畫中也同時必須有所「放棄」，才能有系統地走向明天。第三，要達成目標，我們不能認為「加強」當前的各項活動便已足夠，而必須探尋新而不同的途徑。第四，我們還必須考慮到計畫的時間層面：「我們需要某項成果，應該從何時開始？」

「控制」與「回饋」：避免「紙上談兵」的有效手段

任何計畫，如果不能化為實實在在的工作，都只是空的，只不過代表一種良好的意願。計畫能不能產生成果，主要在於是否有人去推動。它的成功或失敗，完全視管理階層是否承諾動用其資源而定。管理階層如果沒有做出這項承諾，任何計畫都只能是紙上談兵。

考驗一項計畫，可以問一問該計畫的管理人：「你是否已經指派你最幹練的人投入這項工作？」管理人往往說：「很抱歉！我現在還不能將最能幹的人手指派到這裏。他們手頭還有工作未完，我還不能命令他們進行明天的工作。」

如果他這樣回答，便表示他還沒有訂出計畫。但是，從他這番回答，也正顯示出他的確需要一項計畫，因為計畫的目的正是將有限的資源進行最佳的運用。

所謂工作，並不僅是說某人應該做某事，同時也包括某人在擔任某事時負有責任，定有限期，還應該有成果的測度，即所謂成果的回饋。

在戰略計畫中，「測度」常是真正的問題所在。我們測度什麼和如何測度，往往會顯示出計畫的重點。正因如此，測度才成為整個計畫程序中最最重要的一環。我們必須將我們的期望融合於我們的決策之中，務使我們的期望及早兌現，並瞭解計畫進行的過程中可能發生的時間偏差及數量偏差。否則它便不能算是計畫。沒有「回饋」，便沒有自我控制，也就無法將實情回送到計畫程序之中。

著眼於長期的未來以做出決策，這不是管理人願不願意做的事，是他必須做的事，因為這是他的職責所在。管理人是願意做負責的決策，掌握合理的成功之機會，還是僅僅願意蠻幹，把他的工作當成一場賭博，其實一切都在他的權力範圍之內。然而，他必須明白，決策程序本質上為一項理性的程序，因為企業決策是否有效，主要在於有關人員是否瞭解及努力。所以，如果他能採取一套理性、有組織，以知識為基礎的程序，而不僅憑藉「預言」，那麼他的決策必將更有效和更為負責，戰略計畫的產物也將是「戰略」，而不僅僅是「知識」。戰略計畫的目的就在於：「現在即開始行動。」

計畫的實施離不開有效的管理

杜拉克指出，要把新的設想變成行動並產生成果，需要從以下兩個方面加強有效管理：

1. 制定以戰略為基礎的工作計畫

就像企業需要有一個經濟目標的規劃一樣，它也需要進行整體的工作計畫。

當然，這種計畫首先要獲取一個基礎，即明確關於企業概念和目標的決策、企業擅長的領域、企業的優先性和它的戰略。據此對所需的努力進行評估和優化資源分配。

接著是落實工作計畫，使工作產生績效。為了確保企業經濟目標的實現，必須把它分解為各個工作單位，並由專人對它負責。一項真正的計畫必須做出時間上的規定。沒有時間規定的工作計畫無異於兒戲。

制訂工作計畫需要專業知識。一位機械操作工應該做什麼？這很容易指出。但是，一名銷售經理應該做什麼？就不容易明細標出。他可以做任何事，也可能什麼也不做。這些就需要進行切實的研究和計畫。只有很少的企業對此做出仔細的考慮，並給予正確的指導。

尤其是一項清晰的計畫，需要最高昂、迫切的知識資源，即研究工作，包括技術、顧客、市場及其它方面的研究。

知識工作非常重要，尤其是研究工作。它能指出什麼是低生產性的，和怎樣把奇缺資源集中到出成果的領域。

2. 下放決策權力，激勵成功

過去，即便在大公司，經濟決策也只是由公司高層的幾個人決定。其他人只是執行決策。今天的情況又怎麼樣呢？請看美國電話電報公司總裁福蘭德克．克普爾的一段話：

「我們的企業剛成立時，是由高層經理們設立組織目標。今天則相反，企業的目標和將來的使命不只受到高層經理、研究部門、工程部門的影響。企業領導人對決策負有全責，但決策自身是大家的智慧和多重判斷的產物。」

「為了使專業人員更有效地做出他們的貢獻，一家企業必須：（一）明確瞭解什麼是需要的和什麼是可行的；（二）選擇符合實際且最佳的實現希望之目標的途徑；（三）瞭解哪些是實現目標的可靠方式，哪些需要進一步發掘。」

今天，即便在小企業，也越來越多地依靠專業人員。每一位專業人員都在制定決策。如工程師決定繼續還是中止一個項目，會計師決定什麼樣的成本定義是合適的，銷售經理決定把最能幹的銷售員派到什麼地方。為了制定正確的決策，專業人員應該知道什麼樣的績效和成果是需要的。他不應該是被監督工作的人。他必須自我指導、管理和自我奮發。只有當他明白他的專業知識是如何奉獻給整個企業時，他才能有所作為。

所以，每位管理者和專家的工作必須把位置放在對企業經濟成果的貢獻上。他必須擁有專業知識和判斷力，擁有自我指導和自我奮發的能力。重點應該放在貢獻和成果上。

一家公司要獲得所需的成果，它必須獎賞每個做出貢獻的人，需要建立起熱衷奉獻的公司精神。在任何組織中，真正的「控制」是關於人和對人的激勵的重要舉措。它表明一個組織真正相信的是什麼，真正渴望的是什麼，真正擁護的是什麼。它比語言更有魅力，比任何數字更能表達真情。

為了強化公司精神，需要在激勵舉措上下功夫，鼓勵出色地完成企業工作任務的行為，特別是對企業目標的實現做出貢獻的人。這才是成功之公司的「祕密武器」。

第四章

怎樣構建企業組織結構？

杜拉克說：「要實施成功的管理，管理者不能一個人唱獨角戲，而是讓大家一起唱。管理者都要牢記集體的力量，發揮團隊精神。」因此，管理者必須有能力建造一個優良的企業組織結構。否則，一家看上去完整的企業，實際上可能是支離破碎的。組織結構是管理上最古老，也是研究得最透徹的一項問題。

但是，到了70年代以後，企業在組織上開始面對新的需要：過去那些人所共知且歷經考驗的結構設計，如職能式組織結構及分權化組織結構，已不夠用了，紛紛出現各種新的結構設計，例如「任務小組」、「類比分權」的結構等等。但是，我們必須看到，世上沒有放諸四海而皆準的設計。每一個企業機構的設計，都必須以充分體現其宗旨和使命的主要業務為中心。只有將「業務」與「人」有機地結合起來，才能構建一個優良的企業組織結構，也才能發揮出「三個臭皮匠頂一個諸葛亮」的效果。

準備構建組織所需的「磚瓦」

杜拉克認為，在設計構建組織所需的磚瓦時，必須面對下列四個問題：（一）組織中應有些什麼單位？（二）構築一個組織時，有些什麼「構件」應該聯結成一體？又有些什麼「構件」應該分開？（三）組織的各項「構件」，其大小及外形如何？（四）組織中的各單位最適當的配置如何？其相互間最適當的關係又如何？

上述四個問題必須先予解答，才能著手組織結構的設計。組織結構「磚瓦」的設計並沒有一定的「處方」可循。但是，我們知道有些什麼正確的路線和走不通的路線。

從關鍵業務分析入手，選擇支撐性「構件」

為了確定組織中應該設置哪些單位，我們必須瞭解組織應該有哪些業務。這並不是說，對一個組織的「全部業務」都必須瞭解，需要瞭解的只是那些「關鍵性業務」，以此確定組織結構中承受負荷的「主構件」。

因此，組織的設計應該從兩項問題開始：

一、為達成公司的目標，公司在哪些方面必須保持高度優勢？

二、在哪些方面如果績效不佳，就會影響公司的營運成果？甚至於影響它的生存？

分析這些問題，能得到怎樣的結論呢？

其實，任何一家能夠取得卓越成功的公司，其關鍵性業務都設在組織結構的中心地位，成為「承受負荷」的主體單位。對於達成目標及企業績效所依賴的業務更是如此。

同樣重要的是，我們要問：「組織中有些什麼地方若功能不強，將會使我們受到嚴重的損害？又有些什麼地方最脆弱，最易受到損害？」這些問題，我們通常很少留意。

最後，我們還得問：「本公司最具重要性的價值是什麼？」一家公司最需要重視的「價值」也許是產品生產的穩定，也許是產品的品質，也許是公司代理商對顧客提供服務的能力。不論它是什麼，只要是重要的價值，便應該是組織結構的重點所在，便應該有一個主要的「組織構件」支持它。

每當一家企業機構的策略有所變更時，就必須分析其組織結構。修改策略的原因，也許是市場或技術變動了，也許是公司決定多種經營或制訂了新的目標。不管原因是什麼，只要策略有了變更，我們就要重新進行一次關鍵業務的分析，重新進行一次結構調整，以適應這些關鍵業務。

著眼於貢獻分析，確定「構件」的位置和大小

「什麼業務可以合併為一類？什麼業務又必須分屬兩類？」這個問題有許多不同的答案。

德國人認為業務應劃分為兩大類別：一為「技術」，包括研究發展、工程及生產等項；一為「商務」，包括銷售、財務等項。後來又有所謂「直線」與「幕僚」的劃分法：「直線」，是指有關「作業」方面的業務；「幕僚」，則是指非作業的「諮詢」性業務。最後又有人提出「職能」的分析，將所謂「相關性的技能」稱為一項「職能」。這種分法，至今仍是大多數企業機構組織設計的依據。

這些劃分都各有其優點。但是，我們還需要再做更深入的分析，按照「貢獻」的類型，劃分企業機構的各項業務。

按「貢獻」劃分，企業機構的業務可大體分為下列四類。

第一，「產生成果的業務」。即各項直接或間接與整個企業機構的成果與績效相關的業務。這些業務有的可以直接為企業帶來收益。

第二，「支援業務」。它本身並不產生成果；它的「產出」須通過企業內其它部門的使用之後才能產生成果。

第三，與企業機構的成果沒有關聯的業務。這是真正的附屬性業務，例如衛生及廠務之類等等。

另外，還有一類性質不同的特殊業務，即「高階層管理」的業務。

上述各項業務的分類，有的可能劃分得非常含糊，也不

一定科學。既然不一定正確，我們又何必進行這種分類呢？答案很簡單：因為各項業務的「貢獻」不同，需有不同的處理方式。業務的地位與配置，應視業務的「貢獻」而定。

主要業務絕不應配置於「非主要業務」之下；產生成果的業務絕不應配置於「非產生成果」的業務之下；支援性的業務也絕不應與「產生成果」的業務及「貢獻成果」的業務混為一談。支援性的業務應該是一種單獨性的業務。

確立「組裝磚瓦」的程序方法

有了構建組織的「磚瓦」之後，還必須訂出一套有效的「拼裝」規則。否則，即使「磚瓦」的質量再高，胡亂拼湊起來的組織「大廈」也絕不會牢固。

在明確了企業機構的各項關鍵性業務並分析其貢獻之後，就等於圈定了構建組織所需的建築「磚瓦」。但這些磚瓦應如何拼湊、接結成組織的結構呢？這需要兩項工作：一是決策的分析，二是關係的分析。

依據決策分析，拼裝組織「構件」

企業機構的決策，大體上有下列四種基本特性，可作為分類的依據：

一、是決策涉及未來時間的長短。也就是公司受這項決策的限制會有多長時間？這項決策在多長時間內可能廢棄？

二、是一項決策對其它職能、領域，以及對企業產生的影響。如果一項決策僅是對「一項」職能有所影響，那麼它就只是最低級的決策。若對多項職能有所影響，那麼它就須由較高階層，即由能夠顧慮到全體受影響的職能之階層制訂，至少也得與受影響的經理人磋商後才能制訂。

三、是決策包含的「質」之因素的數目。這些質的因素有：基本原則、倫理價值、社會信念及政治信念等等。如果決策時需要考慮這些因素，那麼它自然就是更高一級的決策，因而須由較高階層制訂，或至少須經較高階層檢討。

四、是決策過程是否定期地重複發生。凡是重複發生的決策，就應該建立一套通用的規則，也就是建立一套決策的原則。例如員工的解雇辦法或通例，其決策的規則須由組織中的相當高層決定。但在已經制訂了規則之後，應用於個別員工時，雖然它也是一項決策，卻可以由較低階層決定。

至於不常發生的決策，就要作為特殊事故處理。每當發生特殊事故，必須經過深入研究之後再決定。

綜上所述，第一，任何一項決策都應盡可能委託給「最低可能的階層」決定，也都應盡可能委託給「最接近行動現場者」決定。第二，還應注意的是：任何一項決策，其決定的階層都應該是能夠考慮到全部受影響的業務及目標的那個階層。

第一項規則告訴我們一項決策權最低「應該」下放到什麼階層。第二項規則則告訴我們一項決策權最低「能夠」下放到什麼階層；也告訴我們誰應該參與決策，以及誰應該知道這項決策。

這兩條規則又同時告訴我們，決策的業務應該配置於組織中的何處。換句話說，管理人的地位應該有足夠的「高度」，以使他們有權決定有關他們的工作之決策；同時他們的地位又應該有足夠的「低度」，以使他們能獲得決策所需的資料依據和第一手與行動相關的經驗。

按照關係分析，設置職能部門

有了建造組織結構的磚瓦，最後一個步驟是進行「關係分析」。進行關係分析的目的是告訴我們，某一個單位應該設置在組織中的什麼地方。

一位管理人負責某項業務，應該與哪些人共同工作？一位管理人對於負責其它業務的其他管理人應該有些什麼貢獻？那些其他管理人對於這位管理人又應該有些什麼貢獻？

將一項業務配置在組織結構之中，首要的基本原則是：應該儘量使該業務對其它業務的「關係」數量最少。但在同時，該業務的位置應使其「關鍵性的關係」，即影響該業務成敗的關係成為最簡單的關係；而且此項關鍵性關係應以該業務為中心。換句話說，配置的規則應該是：「關係」的數目應該最少，但每一「關係」都是具有分量的關係。

傳統的組織理論說：所謂職能，乃是「一群相關的技能」。但從上述的規則中我們可以看出，職能並不是「一群相關的技能」。如果說傳統的組織理論不錯，那麼我們就應該將「生產計畫」與公司內的全體計畫人員歸併成一個單位了。可是，實際上我們是將「生產計畫」設置在製造部門，而且設置得儘量與廠長接近，也儘量與第一線工作單位接近。只有這樣設置，才合乎「關係」的要求。

可是，按照決策分析設置，和按照關係分析設置，有時會發生矛盾。這時我們應該儘量遷就「關係」的規則。

上面研討了四種分析，即關鍵業務的分析、貢獻的分析、決策的分析與關係的分析。這四種分析都應該力求簡明。在一家小型企業裏，這四種分析也許只要幾個小時或幾張草稿紙就可以完成。但在大型或複雜的企業機構，則可能需要幾個月，也許還要動用極高深的分析工具與綜合工具。但無論在什麼情況下，這幾項分析總歸是不能忽視，也不可馬虎的。

依據組織「大廈」的設計「規範」

「磚瓦」和「拼裝規則」只是構建組織「大廈」中的「工程問題」，由「工程師」解決。與此同時，我們還會遇到「設計問題」，這就要用到「建築師」了。

以上討論的是組織構建上有關「工程」的問題，也就是建造磚瓦、磚瓦的拼接，以及磚瓦之間的關係等。但構建企業組織除了需要「工程師」，還需要「建築師」，需要一套結構的邏輯和結構原則；換句話說，還需要瞭解建築「設計的規範」。任何一種組織結構，都必須適應這種特定的要求。

組織關係和職能的明確

企業組織中的每一個管理單位及個人，尤其是每一位管理人，都必須明確自己歸屬於何處，所處的地位，應從什麼地方取得其所需的情報、合作及決策。但所謂「明確」，並不一定就是「簡單」的意思。有些結構的確非常簡單，卻不夠明確。而有些結構看起來好像相當複雜，其實相當明確。

一個組織結構若沒有一份明確詳盡的組織手冊，那人們將無法瞭解自己歸屬何處，應走向何處，處於何處，就免不了會產生摩擦，引起紛爭和挫折，最終導致延誤決策時機。這樣的組織不但不是助力，反而是一種阻力。

組織構成精幹、高效

組織所需的管制、監督及引導必須用力最少。一種組織結構必須能促成人的「自我管制」、「自我激勵」，必須能夠以最少的人力，尤其是必須能以最少的「高績效」的人力，花費其最少的精力與時間，保持制度的運轉。換句話說，必須能夠以最少的人力用於「管理」、「組織」、「內部控制」、

「內部聯繫」，及處理「人事問題」。

在任何一個組織中，總不免需要花點時間和精力於「對內」，以保持組織作業的順暢與正常。為了保持組織作業的順暢及為潤滑所做的「投入」愈少，組織就愈經濟有效，「投入」也一定會有較多的分量可以轉變為績效。

組織的價值導向正確

杜拉克認為，一個組織結構必須能夠指引其內部成員、管理部門的眼光，將它們投向績效，而不是投向「埋頭努力」。換句話說，它必須能夠指引組織成員的眼光投向成果。

績效是一切業務所追求的目的。在這方面，組織結構與機械上的「輸送帶」非常相似，將一切業務帶動到績效上去。輸送的方向愈集中，輸送途中，個別業務更換方向及速度的情況愈少，組織就愈有效率。

組織成員任務確定

杜拉克認為，一個組織結構應該能夠促使其每一位成員，尤其是每一位管理人及專業人員瞭解本身的任務，促使其每一個管理單位瞭解本身的任務。

很明顯，這番話是說：工作必須專門化。任何一項工作，必然都是具體而特定的。我們必須能夠明確地界定一項任務，才能明瞭這項任務。

適應企業決策的要求

組織設計必須經得起決策程序的考驗。也就是說，看它是阻滯決策還是有助於決策。

組織結構如果具有一種「決策上推」的力量，將決策向上推移到組織的上層，而不是盡可能向下推移到下層，那它就是阻礙決策，抓不住重點的組織結構。

具有穩定性及適應性

組織必須具有相當程度的穩定性。縱然組織以外的世界已陷入一團混亂，組織本身仍要能夠履行其工作。組織必須能夠以昨天的績效和成就為基礎，從事自身的建設；必須能夠規劃自身的未來，規劃自身的連續性。

我們每個人都需要一個「家」，才能穩定地工作。誰也無法在車站的候車室內完成什麼工作。

但是，所謂「穩定」，並不是一成不變的意思。相反，組織結構必須具有高度的「適應性」。一個完全剛性的結構往往不能穩定，極其脆弱。組織結構只有在能夠隨時調整自己，以適應新的情勢、新的要求、新的條件、新的面孔和新的成員，才能夠繼續生存。也就是說，適應性是組織的一大主要需求。

可以長期存在和自行更新

組織的存在還有一個基本條件，就是它必須能夠「自行長存」，「自行更新」。

為此，一個組織結構必須具有從其內部產生明天的領導人的能力。對此，有一項最低的要求：管理層次的劃分不宜太多，以便使一位 20 多歲的青年從初入公司，爬上公司的升遷階梯，達到相當高層時，仍然相當年輕，而且足以擔當大任。

尤其重要的是：組織結構能否提供培養人才所需的經驗和經歷。一個組織結構必須使其每一位在職者都能有所「學習」和「發展」。它的設計必須給人以持續學習的機會。

至於組織的「自行更新」，要求之一是組織結構應該能夠培養與考驗每一個階層的員工，以使其能進入上一個階層；尤其是應該能夠培養與考驗今天的基層與中層管理人，以使他能進入高階層。此外，為求長存與更新，組織結構還必須接觸新的觀念，具有執行新工作的能力。

避免組織設計中的不良「病症」

組織設計的最後一個要求就是從一開始就要避免不良「病症」。世上沒有十全十美的組織，至多不過是還沒有引起麻煩罷了。我們必須追問，在設計組織結構時，會有些什麼常見的錯誤？組織如果發生了重大缺失，會有些什麼常見的病症？

第一項組織不良最常見的病症，也是最嚴重的病症，就是管理階層的劃分太多。組織結構上的一項基本原則是：儘量減少管理的層次，儘量鑄製一條最短的指揮鏈條。

組織不良第二項最常見的病症是有關組織的問題常一而再、再而三地出現。一個問題看上去好像是已經圓滿「解決」了，可是不久又以一副新姿態回來了。

一個組織問題如果一再出現，就表示我們是在盲目地應用傳統的組織原則；例如職能式組織。問題的答案，必須先經過正確的分析才能獲得，即必須先做關鍵業務分析、貢獻分析、決策分析和關係分析。

同樣常見也同樣危險的另一種病症是一項組織結構經常促使其主要人士的注意力放在錯誤且不相干又是次要的問題上。良好的組織結構應該能夠促使其主要人員的注意力集中在重大的決策、關鍵業務和績效成果上。假如說組織中的人員不能注意這些重大課題，反而不得不注意行為、禮節、制度等等，那麼這個組織結構便肯定出了問題啦。

組織不良還有一項病症，就是事事有賴「協調人」、「助理人」，以及那些「以無職務為職務」的人。這表示組織內的業務和職位設計得過於狹窄，也表示組織內的部門是按照「技能」設置，而非按照工作程序上的地位及貢獻設置。組織結構如果按照「技能」設置，由於每一項「技能」通常僅能對「局部」，而不能對整體成果有所貢獻，因此便少不了需要一位「協調人」，少不了需要那些「以無職務為職務」的人士來將形形色色的「技能」拼湊為整體了。

許多企業機構，尤其是大型企業機構，還有一種叫「組織炎」的慢性病。每一個人都極為關切組織，因此從年頭到年尾，不斷在進行改組。起初出現了什麼困難，比如採購部門和工程部門對某項規範發生了爭執，於是大家叫嚷著請一位「組織大夫」來。可是，組織上的任何解決方案都不能長期有效。於是，第一項組織設計剛剛建立，還沒有經過相當時間的驗證和實施，第二項組織研究的課題又接踵而至了。

在某些情況下，「組織炎」也許真是組織不當的結果。管理人若沒有掌握到問題的基本癥結，「組織炎」確屬難免。尤其是在企業機構的規模及複雜性或企業目標與策略發生了重大改變，而組織結構沒有慎加研究之際，「組織炎」即難保不發生。

「組織炎」往往是一種自行感染的多疑症，因此，我們必須強調：所謂改組，不宜過於頻繁而輕易。須知改組乃是一次重大的外科手術，即使是小手術，也不能說沒有危險。

因此，遇有輕微病症，不應急於改組。畢竟，任何組織都不可能十全十美，不可能完全避免輕微的摩擦、矛盾以及小小混亂。

可供選擇的四種組織設計的「建築模板」

僅僅依據幾條「規範」是設計不出宏偉的組織「大廈」的，還必須善於運用一些「建築模板」。這些「模板」是人們在長期實踐中總結出來的，它既可以大大地縮短設計時間，又可以避免重大錯誤。

在有了設計組織結構的「規範」之後，有沒有一定的組織結構「模式」可資借鑒和利用呢？正如杜拉克所說，組織問題是管理學中一個最古老的問題。人們在長期的探索中的確形成了一些行之有效的設計組織結構的模式。

職能制結構

杜拉克認為，所有的工作，不論是體力工作或腦力工作，都可以用三種方式組織。

首先，可以按工作過程的各個階段組織。比如，建造一所房屋時，先打基礎，然後建造屋架和屋頂，最後裝修內部。

其次，還可以將「工作」依次向需要的各個工段移動。如一家製造單一產品的傳統金屬工廠，在第一行安排一套鑽床和車床，第二行安排衝床，第三行安排熱處理設備；金屬工件則從一組工具及其熟練的操作工人移向另一組。再舉一個例子：大學中的學生這種教育過程中的「原料」，從一間教室移向另一間，從一位教授移向另一位，從一門課程移向另一門。每一門課程的教授只講授他所專長的題目，而學生最終即以一位「知識分子」之身被「生產」出來。

最後，我們還可以把具有各種不同技能和使用各種不同工具的工人組成一個小組，使小組移向「工作」。而工作本身是靜止的。一個電影製片小組，包括導演、演員、電工技術人員、音響工程師等，「去拍外景」。每個人都各自負責高度專業化的職能，但他們是作為一個小組進行工作的。

「職能制組織」通常被描述為把工作組成為「緊密相聯的技能」。事實上它兼有按階段和按技術組織工作兩方面之特點。製造和市場推銷這樣一些傳統的職能包含著許多互不相關聯的技能，例如製造中包含機械師和生產計劃員的技能，市場推銷中包含銷售員和市場研究員的技能。而製造和市場推銷又是生產過程中不同的階段。其它一些職能，如會計和人事，又是按技術組織的。但是，在任何一種職能制組織中，工作是在各個階段或技術中移動的，而工人的位置是固定的。

職能制組織設計的最大優點是具有明確性。每一個人都有一個「據點」，每一個人都瞭解他自己的工作。它是具有高度穩定性的一種組織。

任務小組結構

在任務小組結構中，工作和任務可說是「固定的」，具有各種不同技能，使用各種不同工具的工人組成任務小組，被指派去從事一項研究規劃或新辦公樓建築設計的職務。

一個任務小組是為了完成某一特定任務，從組織的不同領域中抽調來一起工作的具有不同的教育背景、技能和知識的一些人組成的，通常人數相當少。一般有一個小組領導人或組長，在小組存留期間一直擔任小組的領導工作。但領導方式按照每一時期工作進展的情況而定。在小組中沒有上下級之分，只有高級人員和普通人員的區別。

每一家企業都一直為各種臨時任務而使用各種小組。但是，我們直到最近才承認任務小組也是一種永久性的組織結構設計原則。任務小組的使命是完成某一特殊任務：遠征狩獵或產品發展。但任務小組本身可能是長期的。小組的組成可能隨任務的不同而有所改變，但其基礎基本上保持不變。至於個別成員，則可能分散於各個任務之間或同時屬於幾個任務小組。

一個任務小組是怎樣的小組？它如何工作？它的必要條件是什麼？它不能做到的是什麼？

醫院可能是最簡單的例子。為了個別病人的需要，根據規定，由組長（即醫生）從各「業務部門」調動人員來組成一個小組。護士是小組的執行人員。

在醫院中，每一個人都直接同治療病人相關，即小組中的每一個人都要對整個小組的成功承擔個人責任。主治醫師的醫囑在醫院中就是法律。但是，當理療技師按照醫囑，為病人做功能恢復體操時，如果病人有發燒的跡象，理療技師就應該停止，立即通知護士前來測量病人的體溫。他在自己的管轄範圍內會毫不猶豫地糾正醫囑。主治醫生可能囑咐為一個矯形患者配製一副腋杖並教他如何使用。但是，理療技師可能在對病人觀察以後說：「你並不需要一副腋杖，只要一根普通手杖就可以，或者完全不要什麼支撐工具而儘量自己走路。」

聯邦分權制結構

在「聯邦分權制」組織結構中，一家公司是由若干自治性的小企業所組成。每個單位要對自己的工作成績、成果以及整個公司的貢獻負責。每個單位有它自己的管理當局；這些管理當局事實上是在經營它們自己的「自治性企業」。

聯邦分權制有很高程度的明確性和相當程度的經濟性。它使得自治單位的每一個成員易於瞭解他自己的任務和整個企業的任務。它有高度穩定性，但又有適應性。

它把管理人員的視野和努力直接集中於企業的成就和成

果。它能大大減少自我欺騙的危險，大大減少把注意力集中於熟悉的舊事物，而不是集中於困難的新事物上的危險，大大減少無利可圖的業務拖住有利業務的危險。事實真相不會被企業的一般管理費搞混，或淹沒在銷售總額的數字中。

在資訊交流和決策方面，聯邦分權制是目前惟一能使人滿意的組織設計原則。由於整個管理集團，至少是其中的上層，有著共同的視野，就容易進行資訊交流。決策也可能不必太費力氣就達到最優水平。容易把注意力集中在正確而不是錯誤的課題上，集中在重要而不是枝節的決策上。

聯邦制原則的最大優點在於管理人員的發展。現有的各種組織設計原則中，只有它能在早期就為高層管理職位準備和考驗人員。這一點就使得它成為應該優先採用的一種組織原則。

在聯邦制結構中，每一個管理人員都同企業成就和成果密切相關，因而能把注意力集中在企業的成果上。管理人員同企業成果密切相關，所以，即使他純粹是從事職能性工作，也可以從企業的成就上得到他的任務和工作的反饋。所以，聯邦制原則使我們能夠把龐大而複雜的組織劃分成一些小型而簡單的單位，以便使管理人員知道他們正在做的是些什麼事，指引他們為整體的成就而努力，而不被他們自己的工作和技能所束縛。

由於目標管理和自我控制能有效地進行，在一個管理人員領導下的人員和單位就不必再受控制幅度的限制，而只受寬得多的管理責任幅度的限制。

模擬分權制結構

只要一個單位可以組成一個事業單位，那麼，沒有一種組織設計原則可以同聯邦分權制原則相比。但是，我們已經知道，有許多大公司不能分成真正的事業單位；而它們又顯然發展得超過了職能制或任務小組結構在規模和複雜性上的界限。這些公司日益轉向「模擬分權制」，以此作為解決組織問題的一條出路。

模擬分權制組成了一些雖然不是事業單位卻好像事業單位的結構單位。這些單位具有盡可能大的自治權，有自己的管理當局，而且至少有一個「模擬的」利潤和損失的責任。它們用一種內部決定而不是外部市場決定的「轉移價格」互相購買和出售。或者，它們這樣計算「利潤」：在各單位間分攤成本，然後在成本之上加上比如百分之二十的「標準費用」。

把模擬分權制應用於大企業的最有趣的嘗試是六十年代對紐約一些大商業銀行的改組。

存款數額分別占紐約第一、第二位的花旗銀行和大通銀行都改組成模擬分權制結構。花旗銀行分成了五個自治性單位：零星服務部（即個人的存款和借款業務）、商業服務部（為中小型企業服務）、公司服務部（為大企業服務）、國際服務部，以及信託服務部（如投資管理）。每一服務部有一個經理，有自己的目標、計畫、損益計算書。大通銀行的改組雖然獨立進行，但大致與此相似。

這些銀行的例子也清楚地顯示出模擬分權制的某些重大問題。在這兩家銀行中，都是洛克菲勒分行或倫敦分行這樣的大分行成為地區的銀行業務中心。有時這種分行只是做房東和設備管理者，而上述五家「自治性銀行」的代表則佔用分行中的辦公地點。有時這種分行就是一個「銀行家」。還有些時候，這種分行兼作房東和銀行家。顯然，這種大的分行也是一種「事業單位」和損益中心。一個顧客常常同時是零星顧客、商業顧客、信託顧客，甚至公司顧客。那麼，應該由誰對不同的「銀行」加以協調而對顧客提供服務呢？例如，一家小企業的首腦希望向他的企業提供資金的銀行同時兼理他的個人銀行業務，處理他的儲蓄帳戶，成為他遺囑的執行人，他的投資管理人以及他的公司養老金的受託人。他不願同四家不同的銀行打交道。他應該算是誰的顧客呢？誰應該接受他的業務？

模擬分權制顯然存在許多問題。但是，它在將來會被更廣泛地應用。因為，模擬分權制應用的可能性最大的那些領域正是經濟和社會中日益發展的領域，如加工工業和公私服務機構。職能制組織和聯邦分權制組織都不適合在這些領域進行組織工作。因此，管理人員有必要瞭解模擬分權制的必要條件和限制性。以它為基礎建立起來的一個組織可能有些什麼問題呢？

模擬分權制缺乏明確性。它不容易以成績為中心，很難滿足每個人瞭解自身任務的具體要求，也不能滿足管理人員和專業人員瞭解整體任務的要求。

它最不能滿足的是經濟性、資訊交流及決策權。這些弱點是這種組織設計所固有的。因為它的單位並不是真正的事業單位，它的成果並不是真的由市場成績決定的。它的成果在很大程度上是內部管理決策的結果。那是一些「轉移價格」和「成本分配」的決策。

模擬分權制對人提出了很高的要求：要求他具有自我紀律，能互相忍讓，能把自己的利益、包括工資報酬的利益交給上級去處置；要求他成為一個「好的運動員」和「敗而不餒者」。這些要求比聯邦分權制的要求更困難，更為多樣化。

就其適用範圍來講，模擬分權制只限於作業工作。它顯然不適用於高層管理工作。至於創新工作，如果不能作為聯邦分權制單位，那就應該採用職能制結構或任務小組結構。

應用模擬分權制的主要規則是把它看成只是一種最後手段。只要職能制結構，不論有沒有任務小組作為補充，還能起作用，即只要一家企業的規模較小或屬於中等，就不應採用模擬分權制。如果超出這個規模，要首先考慮採用聯邦分權制。

第五章

怎樣把企業「做大」？

不斷地擴大自己的事業，使自己的企業最終成為行業的「霸主」，這是每個企業管理者追求的夢想。但是，杜拉克認為，企業的發展有其自身的規律，它不是自動的，並不因為經營好了，它就能自己長大。企業之所以能發展，必然是能在適當的時機，對適當的市場，提供適當的產品或服務。不過，這只是發展的一項先決條件，而不是因此就能發展。關鍵還要看企業管理者的經營策略是否正確。這就是杜拉克所說的：「企業的策略對企業的規模具有巨大的衝擊力。」

策略應建立在自身規模的準確定位上

不同規模的企業有不同的運行規律。比如，小型企業能完成大型企業所無法完成的工作。小型企業由於結構簡單，規模較小，所以能快速反應，靈活地運用各項資源。反之，大型企業也能完成小型企業所無法完成的許多工作。大型企業能將資源運用於長期的目標，例如進行小型企業所不能進行的長期研究計畫。因此，「規模不同，應該運用不同的策略。」這應當是高層管理人的一項共識。

反過來說，不同的策略，必須在不同的規模下才能達成。例如一家公司希望能居於業界的領導地位，獨步世界市場。這一策略想要實現，就非得建立大規模的企業不可。可是，如果某一企業的宗旨只是希望能在某一特殊方面獨具特色，那麼縱然市場廣大，也還是保持一個小型規模反而比較合適。

企業機構的高層管理人首先必須瞭解本公司實際上是什麼規模，應該是什麼規模；它究竟是「適當」的規模，還是「不適當」的規模。他必須瞭解本公司的結構是否能配合規模的需要，是否能配合公司的複雜性。他還必須瞭解本公司在不同的規模及不同的複雜程度之下，需要怎樣的高層管理。只有在這個基礎上才談得上如何把企業「做大」。否則，不顧客觀實際，盲目蠻幹，不但不能使企業發展壯大，反而可能使它走向死亡。

如何界定企業規模的大小？

衡量企業規模必須用一種整體的觀念，而不能僅憑企業的任何一個層面。要確定一家公司是小型或大型，必須同時兼及各項因素：員工人數、銷貨量、附加價值、產品的複雜性及多樣性、介入的市場數目，以及技術的複雜性等等。此外，還得檢討企業機構的組織結構、享有的市場佔有率，以及其它許多因素。這些因素中的任何單獨一項都不足以作為衡量企業規模的依據。

但是，有一項足以從整體上體現企業規模，即公司的管理及其管理結構。由這方面看來，一家企業如果「至多」只需要一個人來進行專門的高層管理工作，它便是一家「小型企業」。

當然，這句話的意思指的「應該」是至多只需一位真正的高層管理人士，而不是「實際」只有一人。如果一家企業機構「實際」上只有一個人專任高階層管理工作，它不一定是小型企業，很有可能是其企業的結構錯了，事實上，它可能是大型企業。當年亨利．福特領導下的福特汽車公司就是一個明顯的例子。

同樣的道理，企業機構即使「實際」上擁有龐大的高階層管理，也不一定就是大型企業，而可能仍然是小型企業，這樣的實例可說不勝枚舉。

因此，杜拉克認為，一家企業是小型、中型或大型，只有一項衡量的標準，而且是個相當可靠的標準。

假如是小型企業，那麼最高層的主持人一定非常瞭解組織內的少數重要人物，有關重要的成果由誰負責，而不必查閱任何資料，也不必詢問他人。這位高層人士應當能夠知道每個人分配的工作是什麼，每個人的背景、過去擔任的工作和工作績效如何，還知道每個人的能力限度如何，每個人的下一步該擔任的是什麼。當然，這表示企業機構內這樣的關鍵人物必然為數不多，通常不超過 12 ～ 15 人。一般說來，12 ～ 15 人，大概就是一個普通人所能真正瞭解及熟悉的最大人數。

至於中型企業，其最高層主持人通常很難對組織內的每一位關鍵人物都能認識和熟悉。為了掌握組織內的關鍵人物，高層管理也許需要 3 ～ 5 人。一般情況下，如果問一位中型企業主持人有關企業的重要業務，大概他總得召集幾位最密切的同事一同回答。在一家中型企業裏，凡屬對企業的績效及成果負有關鍵性責任的人物，通常大約在 40 ～ 50 人之間。

如果說一家企業機構，高層管理上有了那麼一個小群體仍嫌不夠，仍舊不夠掌握企業內的關鍵人物，不能知道他們擔任什麼職位，從什麼職位升遷上來，正在做些什麼工作，將來可能升遷何處，為此必須再與其他人商議，或查閱圖表、記錄，那就是一個大型企業了。杜拉克指出，正是依據這項衡量標準，才認定一家擁有 300 ～ 400 位管理顧問的公司為大型企業。

小型企業怎樣經營管理？

過去大多數人都認為小型企業很簡單，不需要什麼管理，也談不上什麼管理。杜拉克指出，其實這種看法可說是大錯特錯。管理——特別是有組織和有系統的管理，對小型企業來說，甚至於比大型企業更為重要。

第一，小型企業必須有一套策略。小型企業如果變成可有可無的邊際企業，就會感到吃不消。但小型企業經常面臨著成為邊際企業的危險。因此，小型企業必須建立一套策略，顯示出其本身的特點。杜拉克說：「用生物學上的術語說，小型企業必須為自己找到一個特殊的生態地位，建立其優勢地位，藉以經得起競爭。」

所謂「特殊地位」，也許是某方面的特殊優點：例如，為客戶提供服務的能力，或是某一方面的特殊技術。

一般小型企業卻都沒有一套策略。典型的小型企業可以說都是採取「機會主義」，只能應付問題，一個問題解決後，又出現另一個問題。因此，它們往往難以成功，自然也談不上發展和擴張了。

小型企業的經營，第一個要務就是必須自我檢討：「本企業是什麼企業？應該是什麼企業？」第二項要務在於將高層管理的各項任務予以妥善的組織和安排。

正如前面所言，所謂小型企業，至多只需要一位管理人以全部時間從事高層管理。但事實上，大多數小型企業的高層人士都同時兼負某些有關職能方面的責任；通常他們也的確需要兼負這類責任。正因如此，所以小型企業才更需要認定有些什麼事關企業目標的關鍵性業務，從而能將這些關鍵性業務交托給專人處理。不然的話，某些關鍵性業務就無法實現了。

小型企業資源有限，尤其是優秀的人力資源更有限，因而必須善用人力。小型企業若未能明確認定其關鍵業務何在，從而明確地分配責任，其有限的人力資源之運用就不免分散。

小型企業還必須特別重視最高層主持人的工作效果。縱然其高層管理不必分心於職能性工作，而能專心致力於高層管理的任務，但這份負荷就已經太重了。小型企業的高層主持人必然有來自各方的無情壓力，比如重要客戶、員工、供應商、銀行的壓力等等。除非他能準確地定位他本身應負的責任，否則他的精力與時間將難以妥善分配。

小型企業必須建立一套適用於本身的控制及情報系統。因為它的資源，比如人力資源及財力資源都極為有限。因此，它對於其擁有的資源必須用到確實能產生成果的地方。而且，它爭取新資源的能力也同樣極為有限。因此，它必須謹慎營運，千萬不要超過其本身的財務基礎。它必須及早預見它的資金需求何時將會有所增加。因為它經不起頭寸短缺，也經不起突然間發生大量增加的資金需求。

小型企業必須知道環境的重大變化。它的營運成敗，關鍵在於是否能在某一「生態地位」上佔有優勢。它必須隨時掌握它享有優勢的這種「生態地位」可能發生的變化。

一般而言，會計方面的資料固然十分重要，但絕非足夠。小型企業必須掌握其每一位主要負責人，必須瞭解他們是否都已各有專職，是否已經分別負擔了某一成果或解決某一問題的責任。它必須瞭解其有限的資源所具有的生產力，例如員工、資金及原物料的生產力等等。它必須瞭解其客戶的分布情況，是否特別有賴於兩三家大客戶，此外便是為數極多的小客戶？這樣的分布是否可能為公司帶來風險？

小型企業特別需要有關公司財務及經營損益方面的情

報。但事實上它最缺的就是這方面的情報。當然，今天的小型企業都已經建立傳統的會計制度，擁有會計上的資料了。但是，能知道自身之資金流量的卻極少；能預測其明天之資金需求的更少。當然，今天的小型企業都知道自己的應收賬款。但是，能知道自己的客戶和配銷商是否建立了自身產品的存貨者也為數極少。這就是說，它們應該掌握更多的情報，瞭解它們的市場狀況。

其實，小型企業並不需要掌握太多數字資料，而且它們需要的數字資料也都極易取得，又不一定非要極為準確不可。問題只是它們所掌握的數字資料需要有效的管理和運用；而且，它們所掌握的數字資料並不一定是傳統會計方面所提供的資料。他們需要的數字資料應該是能反映公司之營運情況及各項主要資源之運用情況的資料，從而預測其未來的發展，抓住可能的機會，避免可能的危機。

小型企業機構養不起「龐大的管理層」，養不起太多的管理和幕僚人員、太多的制度程序、太多的數字資料。但它不能因此而沒有第一流的管理。正因為它養不起「面面俱到的高階層管理結構」，才更需要將高階層管理的各項職務妥善配置。

中型企業怎樣經營管理？

中型企業具有小型企業的種種優點，也具有大型企業的種種優點。在一家中型規模的企業機構裏，人人都像小型企業一樣，能互相認識，融洽相處，工作團隊也容易組成，不致有太大的困難；人人都可以瞭解自己的職務，自己應有的貢獻。而且，它的資源已經相當充分，應該足以支持其各項關鍵業務及建立它的優勢及產生成果的需要了。而且，它也應該具有相當的規模，足以獲得企業營運的經濟績效。中型企業有如「中產階級」，在企業社會中的地位具有最大的安全、最大的自由。

中型企業也應該是最容易管理的企業。我們只要遵循小型企業管理的若干規則，便足以管理中型企業了。

當然，中型企業仍有其特有的挑戰及問題。因此，它的管理也必須有其本身的規範。

所謂中型企業，大致可分為三種，（一）產品範圍狹窄，只有一種技術、一個市場。（二）由若干營運自主的小型事業部構成，每個事業部有各自產品、各自市場。（三）也是由若干事業部門構成的企業，雖每個單位各有市場，但彼此依存性很高。

以上的三種類型有一項共同性的危機：極易感染「臃腫病」。一個中型企業必須十分小心，別誤以為虛胖即是強大；別誤以為有了業務便是有了績效。

中型企業極易淪為「邊際企業」。一家營運有效的中型企業應該在有關的事業領域中具有高度績效，應該是看起來沒有花費太大的功夫，就能做到其它企業機構難以做到的事。也就是說，它應有極大的自信。同時，正因為有效的中型企業具有高度能力，所以表面看來，其員工也許並不感到太大的刺激。它的業務營運很少出現「重大危機」，組織中人人都知道自己該做什麼工作，也都在做該做的工作。

正因為這一緣故，企業中常有一種強烈的欲望，希望能能有一些頗具刺激的新任務。也就是說，它常有一種強烈的冒險欲望。

因此，在一家中型企業中，凡屬需要運用員工之才幹、知識、技能的新任務通常都較容易推動。為此，營運良好的中型企業管理階層人士常不免感到奇怪：為什麼許多他們認為沒什麼了不起的任務，別的企業機構竟然難以達成。他們總認為，如果他們踏進某一新產品線、新市場，一定能得到成功。

可是，事實當然不一定如此：某一方面的優勢、專長，轉到另一方面，就未必是優勢和專長了。

中型企業成功的祕訣應當在於它的專心、努力。例如，日本的新力公司在取得某一經營的「生態地位」之後，就不肯向外多走一步，從事別的事業。當然，它還同時堅持其絕不落後、絕不淪為邊際企業的政策。它的每一產品線，每一市場都穩紮穩打，力求達成其自行建立的高績效標準。新力公司之所以能在短短 15 年中發展成世界知名的中型企業，便是由於它專心、努力的政策所致。到了 70 年代初，它就從中型企業發展成一家大型企業了。

一家中型企業為了發揮本身的特殊優點，必須以經營大型企業的方式經營。它必須建立本身的實力，必須嚴格苛求其本身，達成高績效。對於其它方面，則不必過於苛求，只以最小的力量求其及格便足夠了。試看所有成功的中型企業，沒有不是僅在某一狹小的範圍內獲取了領導地位。能夠持續保持領導地位，便是中型企業成功的祕訣。若將其優點沖淡，則無異於自殺。

中型的企業規模也許最適於創新的企業。但企業機構推行創新的過程中應注意使它有助於自身的凝聚力。企業的創新應該足以加強企業的實力。尤其是由若干小型事業部門組合而成的中型企業，例如美國家用產品公司，其所謂創新，應該是增設具有發展潛力又具有同樣之基本特性，並且其技術及知識為企業機構本身所能支付的新事業部門。

綜上所論，一家中型企業的營運，需要管理階層願意致力於已獲成功的領域。而對於其它方面，則必須具有最大的自制力，不能見異思遷，輕舉妄動。一家營運成功的中型企業必然能夠深入瞭解「本企業是什麼企業，以及應該是什麼企業」；必然能夠有計畫、有系統地集中使用資源，尤其是集中使用人力資源，以達成基本使命。

大型企業怎樣經營管理？

大型企業組織必須具有「正式的結構」、「客觀的結構」。凡是組織所需的各種關係、各項有關人事的情報，以及各項有關人力資源的運用等等，都必須融合於組織結構之中。換句話說，它們都必須以政策、目標為基礎，以抽象職位的定義、抽象貢獻的定義為基礎，還要以一定的制度程序為基礎。大型企業需要的是「明確」。

在大型企業機構中，人與人之間很難相識。誰也不能從自己的日常經驗中瞭解別人的職務，以及如何履行其職務。誰也無法接觸到「最終成果」，因此，也不知道自己該如何工作及如何努力才能有所貢獻。但是，他們不能不瞭解企業的目標與優勢、策略與目的，不能不瞭解他們自己在組織結構中的地位及與別人的關係。否則，企業機構便將不免淪於使人以為「禮貌待人」重於工作成果，以為「遵循制度程序」便是生產力。

在大型企業中，有關管理人的職位最需要仔細考慮。管理人的職位應該有些怎樣的貢獻和任務？他在決策方針上的地位如何？在情報流通上的地位如何？在各項關係上的地位又如何？處處都必須有確切的界定。此外，所謂管理的發展和管理人的發展，也是大型企業的關鍵業務。

大型企業幾乎毫無例外，必須擁有好幾個不同的高層管理團隊。因此，高層管理包括些什麼業務，必須明確地加以界定，也必須明確地加以分配，使每一業務都有人承擔。

大型企業通常還少不了所謂「企業發展研究組」，以幫助高層管理達成效能。若沒有這樣一個研發部門進行計劃與協調，高層管理團隊恐將只成為一種鬆懈的結合。要不然，高層管理團隊的本身就得花費太多時間在協調與消除誤解、緩和衝突的工作上。大型企業的高階層管理往往太複雜了，因此無法指望它能建立高層管理本身之情報、刺激、思考和溝通的器官，因此更需要研發部門提供「進補」的這些來源。

就是說，大型企業通常必然具備高等結構，極為複雜，也極為「正式」，卻不一定極其鞏固。

這也表示：大型企業通常不應該醉心於小型企業的業務。至少，某一樁本屬小型企業的業務若不足以發展成中型，則大型企業不宜在這方面施展任何舉措。

大型企業機構的管理階層通常沒有小型企業的那份「親和力」，無法憑著「親和力」相互瞭解。因此，若要仿效小型企業，將不免導向錯誤的決策。但是，大型企業必須創新，又不能不以小業務為起點。新興的事業總歸是由小而大的。因此，大型企業必須具有設置「創新之任務小組」的能力，作為其本身組織結構的一部分。此外，它還必須隨時做必要的努力，隨時注意「靈活」，甚至於不惜在必要時「違命」。這樣一來，它才能避免制度與程序的桎梏。

大型企業的管理階層，尤其是高層管理，必須力求維繫其與組織內有關人員的直接接觸，尤其是與組織內年輕一代之專業人員的接觸。他必須力求找到機會與他們共聚一堂，聽取他們的意見，協助他們把注意力集中在整個企業的目標與機會，跳出本位職能和技術的局限，從而認識和瞭解他們。

培養這份人際關係，可以保持大型企業的靈活，建立協調合作的習慣，以避免形成官僚主義。它並非僅是高層管理的任務，而應當成為整個組織中管理發展和管理人發展的主要任務之一。大型企業機構必須努力防止陷於與世隔絕的境地。因此，它的高層管理團隊又增加了另一項責任：他們必須成為企業機構對外的「感覺器官」。

外界的新觀點必須能夠融於組織之內。大型企業絕不能缺乏一套有系統的政策，藉以隨時邀聘外界新人來加入本企業。

邀聘「外來人」擔任的應該是組織內已有人做過的工作。但必須讓他知道，邀聘他來，是要他仔細觀察現行的工作方法，提出一套不同的新方法。新人應邀前來，必須懂得，他應該提出疑問，應該建議改變；他應該是一位「破壞者」。

總之，高層管理必須瞭解本身的高層管理群究竟由多少人組成；必須制訂一項高層管理策略，建立一個高層管理結構，以適應企業規模。

此外，我們還看到許多大型企業確實按照大型企業的需要建立了正式的結構和制度，可是他們以為如此便達到了大型企業管理的要求。因此，他們漠視了人際關係，漠視了管理的發展和管理人的發展。結果，他們的企業變成了冷酷的官僚機構。

使企業不斷發展的要訣

企業實力不斷增長壯大是對企業管理者的高度要求。「敗家」者固然會遭到嘲諷，「守業」者也會被人視為「平庸」。只有使企業不斷發展的「開拓」者才會受到讚譽。

衝破「因循守舊」、「安於現狀」思惟的桎梏

企業機構的發展過程不是連續的，當其到達某一階段，就必須改變自己。在那樣一個階段，它必然會有改變自身的

要求。如果管理人安於現狀，不願進行改變，危機就會出現。

福特公司是在第一次世界大戰期間到達轉變為大型企業的發展點。那時候亨利．福特的幾位最要好的同事，包括他的合夥人柯金斯和他的擔任財務顧問的堂兄弟，力促他改組，並勸他改變公司的經營方式。

然而，福特竟將這兩人解雇。福特公司便從此走下坡路了。五年後，福特已落在通用汽車之後；再過五年，福特連「亞軍」的位置也保不住了，被汽車業的後起之秀克萊斯勒超過。克萊斯勒顯然是接納了史洛安的建議，一開始便以大型企業的方式經營他羽毛尚未豐滿的公司。

德國的西門子也曾經歷過一次類似的危機。那是在公司創辦人西門子過世之後，繼承他的事業的幾個兒子不肯採用大型企業所需的結構、管理和策略。若非後來有人干預，西門子很可能無法恢復過來；至少也將無法長成為一家重要的企業機構。

還有西爾斯 ・ 羅伯公司的故事，也許該算是最具教育性的一個例子。公司創辦人西爾斯制訂了許多基本性的政策，成為公司後來成功的基礎。但是，早年它由一家小型企業發展為中型企業時，西爾斯本人曾經拒絕為公司做任何改變；其本人的處事方式也不肯改變。結果，在 20 世紀初，西爾斯幾乎瀕於破產。最後只好將公司脫手，轉售給羅森華。羅森華立刻組成一個高層管理團隊，採用大型企業的結構。一家奄奄一息的公司就這樣起死回生，開始發展。

由上述的例子，足可看出一個事業為了發展，必須制訂出一套策略。事業的發展，必須先有發展的準備。企業要發展，必須先建立一套理想，並集中努力於實現這一理想。但是，反過來說，假如高層管理不肯革新，則一切努力都屬徒然，縱有天大的眼光、決心，到頭來也必將失敗。

把知識視為今後企業發展的關鍵因素

在一個發展的經濟環境中，產業經營必然有較大的活動空間。某些已經越過發展巔峰的產業固然將逐步下降，但下降頗為緩慢，而且仍能被整個經濟所支持。新興的產業則通常能迅速發展。甚至那些不懂得如何發展的產業也往往能取得大幅發展；但這樣的發展以運氣的成分居多。

相對而言，在一個不是發展的經濟環境中，經濟的變化就必然是突發性的了。在這樣的環境中，一家公司或一門產業若不能發展，其業績的下降也必定非常劇烈。在這樣的環境中，企業機構特別需要一套策略，作為管理階層制訂發展計畫，並對發展進行有效管理的依據。

在 20 世紀 70 年代，杜拉克就明確指出，企業發展需要全新的支撐因素。未來的發展必然不同於今天。那也許是「耗用較少資源」的發展。換言之，也許是「知識工業」，而非「製造工業」的發展。未來的發展將會有不同的成本：我們今天心目中的所謂「自由財」，例如空氣和水，也許明天不能免費了，甚至於也許需要極高的成本。明天的「快速發展中國家」的發展模式將與傳統的模式大為不同。19 世紀的發展中國家以製鋼工業為重點；甚至於日本戰後高速發展，巴西 60 年代的發展，仍然以製鋼工業為重點。在未來的發展中，人類對其所處的環境必有所「取」，也必有所「予」；取予之間必然日益突顯維繫平衡的需要。僅此一點，就足以說明未來的發展點不同於過去的發展點了。

一家公司假如不能吸引、激勵，進而留住人才，就必然難以生存。但今後這句話恐怕要逐漸改為吸引、激勵和留住「知識工作者」了。「知識工作者」與往日的「體力工作者」不同，他們並不僅僅需要一個職位，他們需要的是一門事業，一項機會。知識工作者追求的事業、機會必將造成重大的壓力，使我們非努力繼續發展不可。

充分認識並確立企業發展的目標

管理人士僅在口頭上嚷著說「我們需要發展」，並不足以促成持續的發展。他必須積極建立一套「合理的發展政策」。管理階層必須積極地制訂一套發展目標，以踏實的基礎為依據，而不能僅憑一股希望和熱誠。

管理階層必須審慎思索：我們的公司最少該有多大的發展，才能免得我們喪失自己的實力、勇氣及績效能力？

任何一家公司都不能缺少一個足以維繫其生存的市場地位，否則它將淪為一家規模不適當的邊際公司。不論是國內市場還是國外市場，如果它正日益擴張，那麼公司也必須隨之而擴張，如此才能維持生存。換言之，一家公司所需的「最小」發展，有時候往往是規模很大的。

例如 50 及 60 年代間的製藥及電腦市場擴張得極為快速，為此，一家公司即使只打算穩住自己，留在市場內，也非得有極大的發展不可。反之，同一段時期，發達國家的紡織業都幾乎沒有市場上的發展，那麼一家公司所需的「最小的發展」便應該是認定一個最有利的「部分市場」，集中全力於其上。

通用電氣公司在制訂其企業戰略計畫時，第一項研究不是「什麼市場可能有最大的發展潛力？」而是「各市場最小將有怎樣的發展？我們能不能保持這項最小的發展？其中究竟以哪一個部分的市場對我們的機會最大？」

從企業營運的立場來看，所謂「發展」，是一個經濟層面的名詞，而不是一個物理層面的名詞。論發展，並不一定與「數量」有關。每年該消耗多少木材，對摩茲公司也許是一個合理的目標，但對一家紙業公司則未必。僅僅說「我們要成為一家 10 億美元營業額的公司」，不能說是一個合理的發展目標。合理的發展目標應該著眼於：經濟「績效」、經濟「成果」，而不是「數量」。這是一項極為重要的認識。

世人常誤以為「肥大」了便是「發展」了。事實上，往往是一家企業丟開了某些不再具有貢獻的業務，便是發展。企業中不再具有貢獻的業務是一個「漏洞」，會阻礙真正的發展。因此，在通用電氣公司的企業戰略計畫中，第二步便是研究公司中的哪幾項業務必須關閉、售與他人，或至少必須不再重視。通用電氣在 60 年代後期檢討了這個問題，果然在經歷過一段長期的相對停滯之後，重整了繼續發展的力量。

企業所需的第二項發展目標應該是一個「最適的目標」：企業機構的各項業務、產品及事業應該有怎樣的組合，才最能在經營風險及資源報酬之間獲得最佳的平衡？換句話說：企業的發展必有那樣的一「點」，超過此「點」，市場地位的增加必將造成某一主要資源生產力的減損。這一個「最適點」是什麼？超過此「點」，則企業盈利力的增加，必將同時使經營風險也大為增加。同樣，企業的發展也必有一「點」，還不到此「點」之前，企業的經營風險雖低，但企業的生產力及盈利力也大幅降低，而且必將危及它的市場地位。這個「最適點」又是什麼？

企業的發展目標應該決定於這個「最適點」，而不是另定一項「最大目標」。當然，企業的發展至少必須有一個最低限度；但同時最大也不宜超過這個「最適點」。企業的發展若超過了「最適點」，換言之，若是犧牲了生產力以換取較佳的市場地位，或犧牲了市場地位以換取較佳的生產力，都不是適當的發展，其發展均不能維持多久。這樣的發展固然足以令人「驚異」，但代價太高，必將造成企業的脆弱、過度膨脹，從而無法管制，最終陷於嚴重的失敗。

為了企業機構的發展，必須制訂目標、優先順序及策略。尤其重要的是，發展的目標必須合理；必須以企業市場及技術的客觀現實為基礎，而不能僅是一種財務的幻想。

為企業明天的發展早做準備

企業要發展，必須先做內部的準備。比如，IBM 做了多年的準備，因此一旦障礙消除，便順利起飛。如果沒有充分的準備，那麼縱有發展的意念，縱能瞭解電腦業的發展需要，IBM 也不可能一夜之間便從一家簡單的產品製造事業，搖身一變，成為高技術企業的領袖。

發展的機會何時來到，誰也無法事先預料。再者，機會來了，也不會敲一家毫無準備的公司的門。IBM 的故事告訴我們，一家公司為了發展，必須先自公司內部培養不斷學習的氣氛，使上下人員都願承當新的責任，承當更大的責任，而不至於畏縮不前。一家公司的發展若碰到門檻，必然是這家公司的員工自身能力所造成的限度。

當然，我們可以邀聘這方面或那方面的專家，增加這方面或那方面的人才，擴充這方面或那方面的能量。但是，從基本上說來，凡是發展，甚至於經由企業收購所造就的發展，都必須先從內部著手，必須先具有實力。可以肯定地說，企業機構的發展政策有賴於它致力於培養學習的氣氛，有賴於它具有承當更新及更大之業務的準備。

財務計畫自然也是不可缺少的準備。沒有財務上的準備，一旦機會來臨，公司必將感到財務困難，最終必然阻礙自身的發展。公司的發展，即使幅度不大，也將影響公司的財力之基，也將在任何人所意料不到之處產生意料之外的財務需要，必然使公司當前易於爭取短期貸款及流動資金的資本結構為之改觀。因此，本質上它固然需要產品策略、技術策略及市場策略，但也需要一種財務策略。

以高層管理團隊的更新推動企業的發展

公司想要發展，其高層管理就必須具有改革的意願，具有改變其地位、關係及行為的意願。但是，這話說起來容易，做起來卻極為困難。這大概是因為需要改變的「人」通常對公司的成功具有最大的貢獻。他們已經成功了，如今卻要求他們改變過去促成其成功的行為，改變行之已數十年而無往不利的習慣，尤其是要求他們將撫養成功的「孩子」拱手讓與他人。因為，公司需要發展，通常總得由一個新的高層管理團隊取代舊有的高層管理人或某一群高層管理人。

大多數發展中的公司的高層管理人士，在未開始真正發展之前，都能明瞭他們需要些什麼。問題是，他們卻往往像 IBM 的華森一樣，缺少一股真正的發展意願。

這就是說：為了發展，一家公司的高層管理人必須盡早先做應變的準備。具體地說，必須先做好下面幾步工作。

第一，必須確認公司的關鍵性業務，並培養一個高層管理團隊，以承當各項關鍵性的業務。

第二，必須看清楚一切徵兆，看清楚是否有改變基本政策、結構及行為的必要，以便在時機來到時不至於錯過。

第三，必須具有誠意，在改變時能當機立斷，立即行動。

一家具有發展意願的公司，高階層人物必須掌握改革的時機。公司是否已經發展到極限，使傳統式的結構、管理及任務不能適應了，這些都必須確切瞭解。

一家公司是否已發展到這樣的極限，有一個非常可靠的標誌：大凡高層人物，尤其是發展急速的中型或小型公司的高層人物，通常都深以擁有「極為幹練的人才」而自豪。但是，這一批為最高主持人所讚許的人才往往都還只是「孩子」，尚無進一步的準備。這正是公司亟待改變的一個標誌。因主持人以他們的才幹而自豪，所以在公司發展到非改變不可時，主持人往往能找出千萬條理由，不肯變更他們的職責，將某一業務交托給別人主持。他們總是說：「某某人確實不錯，但他還未完全準備好。」其實，他們這麼說，恰恰證明了是他們本人還未完全準備好。

企業機構的主持人，無論是中型企業、小型企業，還是大型企業，都必須勇於改變自己的任務、行為及權力關係，以適應公司的發展。

公司要發展，對最高主持人的要求確實應該極為嚴格。主持人必須面對現實:他不再是一位明星,只能演而優則導，退居幕後當導演。

但是，我們不能期待一個人在一夜間就轉變自己的角色。而且，即使是表面上看來像是一夜之間發生了轉變，事後回憶，也當能發現那是經過長時期醞釀的結果。身為高階層人物者，不能不及早準備，未雨綢繆。

他必須深思：他究竟是否真正期盼他的公司發展？他的公司究竟是否真能發展或有無必要發展？

企業機構的發展有其一定的限度：任何企業機構都不宜好高騖遠，超過其市場需要的限度。超過此一限度的發展，必須以擁有貢獻能力為基礎。如果說一家公司認為它確能在其現有的地位中享受愉快，以其對市場的貢獻而深為滿足，以它現正從事的工作而自感滿意，那我們怎麼能說這家公司不是一家好公司，一家有價值的公司呢？從經濟觀點來說，這家公司的生產也許不及巨型企業之「大」。但是，容我們重覆一句：為發展而發展，只是一個幻想。

進一步說，高階層人物對他的公司是否真需要發展、真能發展的問題若已經想通了，他還有更難處理的第二個問題。那就是：「我是否真的願意本企業在我的手中發展？」

身為企業的高階層人物，如果瞭解他的公司必須發展，也瞭解他本人不願改變，就只有一條路可走——讓賢。

即使他「擁有」這家公司，但他並未「擁有」他手下一群員工的生活。須知一家公司畢竟不是他的「兒子」。即使是他的兒子，他也非得接受事實不可：孩子一旦長大成人，總得離開父母，獨力謀生。

企業機構是「人」的成就。任何一家企業機構，不論其法律所有權屬誰，總歸是受人之所托。身為高階層人物，若不願改變自己，就必須自知他如果堅持繼續「執政」，必將使他所深愛並由他親手建立的企業毀在他的手裏。這樣他便是有負於自己，有負於他的公司。因此，他確有讓賢的必要。

制定增長戰略，避免企業「肥胖病」

企業當然都希望發展、擴大。但是，杜拉克發現，很少有企業懂得擬定增長戰略。甚而有些企業以為它們在增長，其實不過是得了肥胖病。那麼，如何制定企業的增長戰略呢？

1. 確定增長的目標

企業並不因自己想要增長就能實現。一家公司變大了並不一定就是變好了，就像一頭大象比一隻蜜蜂大，並不見得更好一樣。

一家企業必須擁有與其市場、經濟和技術水平相符的相當規模，才能利用其生產資源，獲得最優化的產出。如果它在市場上的收益僅與成本相抵，那麼不管它是大還是小，都不屬於適合的規模；因為不管它的規模多大，都不能擁有理想的利潤率，而且總是隨著每一次商業周期的變化而遠遠地落在後邊。沒有一家企業能夠擺脫因缺少足夠的收益增長而陷入的入不敷出的困境。克萊斯勒公司就是因為陷入這種困境而在汽車市場上每下愈況。

所以，有關增長政策，必須探討的第一個問題不是：「我們想要多大的增長？」而應是：「我們需要多大的增長，才能使我們不至於收入僅夠支出？」要找到這個答案並不容易，而且總會導致爭論不休。

這取決於公司管理層如何確定它的市場，還取決於它的產業結構。在某一產業中尚屬充裕的境況，在另一產業內可能屬於收入僅夠支出的境況。而當市場規模或適用技術發生變化時，市場定位和產業結構常常也會相應變化，且變得既快又劇烈。

一家企業必須知道它最低限度的增長目標，否則就談不上擁有增長政策。而且，很可能在它認識到自己最低限度的增長目標之前，它也不可能得到多少真正的增長。

2. 制定增長戰略

明確增長的目標之後，一家企業緊接著就需要細緻地考慮自身的增長戰略。

制定增長戰略的第一個步驟不是決定在何處，用何種方法增長，而是決定應該拋棄什麼。為了增長，企業必須擁有一套系統的政策，去停止生產那些生產過度、已經過時且無生產率可言的產品。增長戰略的基礎是利用資源為新的機遇服務。這就要求把資源從那些成果和回報正快速減少甚或不再可能獲得的領域、產品、服務、市場和技術中抽出來。

它應該從這樣的問題著手：「假如我們現在還沒有建成這條生產線，或者還沒有供應這個市場，那根據我們現在所瞭解的程度，還會投入嗎？」

如果結論是否定的，人們就不會說：「讓我們再研究研究。」而會說：「我們怎樣才能走出窘境，或者最起碼不再把資源白投進去？」

增長來自於對機遇的利用。如果把生產資源，特別是奇缺的操作性人力資源投入到使昨日的產品再延長一點壽命，維護那些過時的產品，以及為無市場效果的產品尋找藉口，那麼人們就沒有希望利用機遇。那些最成功的公司的戰略計畫，譬如國際商用機器公司、通用電氣公司、施樂公司，都從這樣的假設著手：當今最成功的產品恰恰是明天以最快速度過時的產品。這個假設是很切合現實的。

制定增長戰略的第二個步驟是解決應當在哪個領域突出重點，集中使用資源。增長戰略中最大而且是最常見的錯誤是企圖在過多的領域裏增長。它必須以那些機遇為中心，即那些極可能使公司的力量創造突出成果的領域。首先，應當看一看市場、經濟、人口、社會和技術，以便確定最可能發生的變化及其方向。

實際上，人們最好從這樣的提問著手：「已經發生了哪些很可能帶來長遠影響的變化？」

制定增長戰略的最後一個步驟是仔細考慮企業的具體實力，認識到顧客因為我們的什麼服務而願意掏錢，然後把這些因素集中於預先估計到的變化中去，以決定什麼是最優先的機遇。不要把「機遇」看成是在公司外面發生的事，與自己的公司無關。

3. 區分健康的增長、肥胖和癌腫

最後一點，增長戰略應能區別健康的增長、肥胖和癌腫（惡性腫瘍）。這三者都是「增長」，但後二者是不可取的。健康的增長與有害的增長之區別在於通貨膨脹時代顯得特別重要。通貨膨脹扭曲萬物，特別會扭曲產品數量和增長數字

的意義。通貨膨脹時期的大量增長屬於肥胖，有些部分更屬於早期癌腫。

換句話說，產品數量本身並不代表增長。它首先要根據通貨膨脹的情況做調整，然後還要對其質量進行分析。純屬產品數量的增長根本不是「增長」，它只是一種錯覺。只有根據所有有效的生產性資源，如資本、重要物質資源、時間和人力等，創造出更高的整體生產率時，較大的產品數量才是健康的，管理部門應責無旁貸地支持它。

如果增長既沒有改善，又沒有降低各種資源的生產率，它就屬於肥胖。這時就需要認真觀察。短期內支持那種並不造成生產率增長的產品數量通常是必須的。但如果 2 到 3 年後，增大的產品數量依然只是產品數量，而未改善生產率，那就應當把它視為肥胖，斷然除去，以防其成為整個生產系統的累贅。那種造成一家公司整個生產率下降的增長，更應該把它看作早期癌腫，並實施根治療法，將其切除。

不制定增長計畫當然不合道理。但是，像我們的許多企業所做的那樣，施以簡單擴大性的增長更不合理。當今每家企業都需要一個增長目標，一種增長戰略，以及許多區別健康的增長和肥胖、癌腫之不同的方法。

兼併——迅速擴大企業規模的捷徑

在日益國際化的激烈競爭中，「物競天擇」的「自然法則」開始發揮魔力，企業想要快速發展，「大魚吃小魚」變得不可避免，兼併遂成為資本集中的重要方式。

對兼併的誤解：純粹的「財務操縱」

杜拉克指出，兼併必須在業務上具有意義，否則，它即便是作為一種財務活動，也不會得到好的結果。它將導致業務和財務上的雙雙失敗。

德國在 20 世紀 20 年代初的「兼併熱潮」，與 80 年代在美國所見到的一樣轟轟烈烈。當時有四大「搶購者」：雨果．史汀斯、阿爾弗雷德．赫根伯格、弗里德理奇．弗里克、以及德國的首要鋼鐵製造商克虜伯家族。只有赫根伯格與弗里克成功了。赫根伯格買下所有報紙的產權，創建了德國首家現代報紙聯號企業。他的企業生存了下來，事實上是繁榮起來了，直到曾經得到他的幫助而爬上權力寶座的希特勒剝奪了他為止。弗里克只購買鋼鐵及煤炭公司，他在第二次世界大戰中倖免於難，又從成為納粹戰犯而被關押的監禁中生存下來。他在臨死前的幾年中，還建立了又一個甚至更大的企業王國。

直到 1919 年，史汀斯還是一個名不見經傳的煤炭批發商。到了 1922 年，他已壟斷了德國工業。當時，沒有任何一個人能夠像他那樣，支配著一個主要國家的工業。然而，在德國發生通貨膨脹 9 個月以後，史汀斯的王國——由鋼廠、航運公司、化學製品公司、銀行以及其它互無關聯的企業組成的大雜燴宣告破產，四分五裂。

至於克虜伯的企業，幾十年前堪稱德國最富有、政治上最有權勢的企業，也存活下來了，但不再能恢復昔日的威風。它治理不好自己所購買的大雜燴式企業——造船廠、卡車製造廠、機械工具公司等。最終，它被自己所兼併的企業榨盡了血汗。70 年代初，隨著他那半死不活的企業之控制權以廉價賣給了伊朗國王之後，克虜伯家族即從所有者的地位及管理部門中被趕下台。

儘管如此，兼併方與被兼併方的管理人仍在相當大的程度上忽視了這一點。銀行在決定為兼併投標提供資金時也是如此。但是，歷史已充分告誡我們，兼併方與被兼併方雙方的投資者及管理人，以及提供資金的銀行家，如果對兼併僅僅從財務上，而不用業務原則判斷，他們不久就會嘗到了苦果。

成功兼併的五大原則

如何才算成功的兼併？杜拉克總結出五條簡單的原則。自從一個世紀前的摩根時代以來，每一個成功的兼併者都遵循了這五條原則。

一、只有兼併方公司徹底考慮自己能為被兼併方做出何種貢獻，而不是被兼併方能為兼併方做出什麼貢獻，兼併才可能成功。兼併方公司的貢獻可以是多種多樣的，它可以是管理、技術或者銷售能力，單單資金是絕對不夠的。比如通用汽車公司買下的柴油機企業幹得十分出色，它能夠、並且確實在技術及管理兩方面做出了貢獻。

二、與任何成功的多種經營一樣，若要通過兼併，成功地開展多種經營，就需要一個共同團結的核心。兩家企業，儘管生產過程類似，偶爾也能在生產經濟及技能專長方面具有很多的一致性，不過，這兩個企業必須既在市場方面又在技術方面具有共同性，還必須擁有共同語，從而把它們結合為一體。如果沒有這樣的團結核心，多種經營，特別是通過兼併開展的多種經營絕不會取得什麼好的效果。僅僅財務上的聯結是遠遠不夠的。用社會科學的行話來說，就是必須具有一種「共同的文化」，或者至少具有「文化上的姻緣」。

三、除非兼併方的人員尊重被兼併方的產品、市場及消費者，否則兼併就起不了作用。兼併必須是「兩情相悅」。

例如，許多大藥品公司兼併了化妝品企業，但都沒有取得很大的成功。藥物學家與生物化學家最關心的是健康和疾病，他們的考慮和口紅廠家及口紅的使用者常常不同。為此，經營就不可能順利。

同樣，一些大的電視網絡與它的娛樂公司在買下圖書出版公司後，很少幹得十分出色的。由於圖書不是「傳媒工具」，書的購買者及作者作為出版商的兩種顧客，與電視臺的「觀眾」也沒有任何相似之處。就像這樣，兼併方看不慣出版公司的運作方式，而對企業、企業的產品及產品的用戶不尊重，或感到不相容的人，必定會做出錯誤的決策。

四、在一年左右的時間內，兼併方必須向被兼併方提供最高層管理人。如果相信能夠「買到」管理，那是絕大的謬誤。兼併方必須做好被兼併方最高層管理人掛冠而去的準備。這些高層人物以前是老闆，他們現在不想當什麼「部門經理」。倘若他們是被兼併公司的所有者或者部分所有者，則兼併已經使他們變得非常富有，財大氣粗，他們不願留下來，就無須留下來。如果他們是專業管理人，他們通常也極容易找到另一份工作。讓他們做最高層管理人，則是一種很難取得成功的冒險。

五、在兼併的第一年，極為重要的是讓兩家公司的管理隊伍中的大批人都得到跨越界線的重大晉升，即從以前的公司晉升到另一家公司。這樣做的目的是為了使兩家公司的管理人都相信，兼併為他們提供了個人機會。這一原則不僅要運用到接近最高層的管理人身上，也要運用到較年輕的經理人員及專業人員身上，因為企業主要依賴他們的努力與獻身。如果他們認為，兼併的結果阻礙了他們的發展，他們必然「身在曹營心在漢」。他們往往比被取代的最高層管理人更容易找到新工作。

聯合——通向國際化大企業之路

與兼併不同的是企業的聯合。這也是目前企業發展的一個大趨勢。杜拉克對這一趨勢做了分析，繼而指出：對中小企業來說，聯合日益成為走向國際化之路;而對大企業來說，聯合則是走向掌握多種技術之路。

各種形式的聯合越來越普遍了，尤其是在國際化的企業之中：合資；交叉持股；在研究及營銷方面簽訂合同；許可證交叉使用及知識交流協定;組建辛迪加（同一行業的組合，有局部壟斷的形式）等。這一趨勢正在加速，營銷、技術及人員等各個方面的需要都在推動它的發展。

「聯合」使企業迅速獲得人才、技術和市場

在日本，20 世紀 60 和 70 年代，一家外資企業只有通過同一家當地的公司實行合資才能打進其國內市場。這種合資形式在歐洲及美國也同樣需要。

80 年代，AT&T 公司與義大利電話壟斷機構結成聯盟，才得以進入由政府壟斷機構所統治的歐洲市場。更常見的是聯合常常是取得新穎、獨特之外國技術的惟一途徑。大型電腦製造商購買小型軟體廠家的股份；大型電子製造商買入小型專業晶片設計公司的股份；大型醫藥公司買進遺傳學研究機構的股份；大型商業銀行買進證券交易或保險公司的股份等等。

越來越多的情況表明，這種聯盟還是得到人才與技術的一條捷徑。在美國大學與歐洲、日本（和美國）的大型企業之間簽訂的很多研究合同就是很好的例子。

還有行業內部的國際聯合。80 年代，有兩家中型的專業機械製造商，一家是日本的，一家是美國的，簽訂了互換

研究成果並在各自的國內市場出售對方產品、提供服務的協定，其條件是相互持有對方16%的股份。美國三大汽車製造商都持有獨立的日本及韓國汽車製造商一定比例的股權，他們用自己的品牌把他們的亞洲「朋友」生產的汽車拿到美國市場出售。

統一目標，避免「貌合神離」

杜拉克指出，聯合有很多優點，但同時它也會帶來巨大的風險。儘管它們早期失敗的比率並不比新的投資或兼併更高，但一旦成功，它們常常會陷入嚴重，有時且是致命的麻煩中。

經常會發生這樣的事：當一項聯合幹得很順利時，卻發現合夥人之間的目標並不一致。既然孩子已經「長大」，每個合夥人都希望這個「孩子」的行為有所不同。每個合夥人對於應該由什麼樣的人經營管理這家成功的企業，他們應該來自何方，應該對誰效忠等問題會持不同的意見。更糟糕的是，往往找不出一種解決這類分歧的機制。等到要恢復這家合資企業的元氣時，往往會發現為時已晚。

但是，杜拉克又說，這類問題是能夠預見的，而且大部分也是可以預防的。在實現聯合之前，各方應該認真考慮一下各自的目標以及這個「孩子」所追求的目標。他們是否希望他們的合資企業最終發展成一個獨立而有自主權的企業？他們是否從一開始就同意，甚至鼓勵它與一家或所有的母公司進行競爭？如果同意，是在哪些產品、服務或市場上？

沒有事先考慮清楚這一點，通常成為失敗的主要原因。例如，一家因尋求開發在東南亞具有發展前途的工業而設立的非常成功的投資公司最終卻被母公司解散。它已經發展到必須為自己的工業客戶提供某種商業銀行業務的程度。但是，4 家母公司中的 3 家是在亞洲擁有的業務並不多的歐洲銀行。他們認為，自己的孩子進入商業銀行領域是一種忘恩負義的行為，所以馬上就把它扼殺了。

沒有估計到聯合後可能取得的成就，將會而且肯定會導致這家合資企業成為自己潛在的競爭對手。德國與美國各有一家化學公司在西班牙合夥建立的一家很有前途的合資企業所遭遇的失敗就可以說明這一點。這家企業的一條產品線極具競爭力，雖然在北歐發展不快，但它在西班牙及葡萄牙卻得到很大的發展。就在此時，這家合資企業的歐洲母公司卻撤銷了它們的支持，並且慢慢地將這個孩子掐死。

同樣重要的是應該事先就如何管理合資企業達成協定。例如，利潤是否應該重新再投資？還是應該盡快匯回母公司？合資企業是否要開發自己的研究項目？還是只與一家或全部母公司簽訂研究合同？研究成果以誰的名義申請專利？是提供科學家及實驗室進行研究的大學？還是支付研究經費的公司？

一家在美國市場出售其日本少數股份合夥人之特色產品的美國公司，是否有權根據美國市場的情況，對產品進行設計並制訂價格？還是它只能作為經銷商，負責銷售日本公司生產的每一種產品？這正是前述專業機械製造商合夥人爭議之所在。這種合夥關係在 80 年代初破裂了。這是在美國公司為其日本合夥人的產品贏得美國市場 26％的份額以後發生的事。

其次，應該仔細考慮由誰管理這一合資企業。不論這種聯合採取何種形式，合資企業必須單獨進行管理，負責人員必須具有促使其獲得成功的推動力。

努米公司是日本豐田公司與美國通用汽車公司的合資企業。它以相同的工人，在相同的工廠（加利福尼亞洲的弗里蒙特市）為兩家母公司生產相同的汽車。這種汽車在美國以豐田的名義獲得了成功。但是，以雪佛蘭的名義則效果不佳。對豐田人來說，這種汽車是他們主要的美國產品，他們在豐田的生涯有賴於它的成功。對雪佛蘭人來說，沒有人能夠因出售努米公司的汽車而發跡。對雪佛蘭公司的很多人來說，這種汽車雖然用的是雪佛蘭的標牌，但它仍然可能是「我們汽車」的一名競爭者。由於同樣的原因，由亞洲合夥人為美國製造商生產的其它汽車在美國市場也情況不佳，成為孤兒。

無論法律形式如何，這種合資企業必須由合夥人之一進行管理，而不應由委員會管理。從一開始就應明確，管理合資企業的人員只以企業的績效作為衡量的標準。個人必須向合資企業負責，而不是向母公司之一負責。對合資企業的管理人，絕不能有這樣的說法：「約翰在這項任命中幹得並不很好，但在與其他合夥人發生分歧時，他的確照顧了我們的利益。」

每一個合夥人都應當在自己的結構中為合夥人與合資企業的關係以及合夥人相互之間的關係制訂出一些條款。即使該合資企業完全聽命於合夥人之一，例如在盧森堡有一家小型保險公司，一家主要的商業銀行持有其六分之一的股份，其管理人必須能直接與母公司的某些人接觸，由這個人做出「是」或「否」的決定，而無需通過各種渠道去請示。

最好的辦法是將這類「危險的聯繫」的全部責任託付給一個高級管理人。

最後，必須事先就如何解決分歧達成一項協定。來自上級的指令並不能在聯合中起作用。最好的方法是在出現任何爭議之前先就委請一位仲裁人達成協定。這個仲裁人是各方都瞭解並尊重的，他做出的決定將被各方視為終局的決定。

他應該被授予比解決具體爭議所需更大的許可權。例如，他可以按照事先商定的準則就一方有資格買下另一方做出決定，還可以建議對這一合資企業進行清理，或者使之成為獨立於母公司的企業。

這些都是激烈的措施。但正是由於這一原因，仲裁才被視為一種終局的手段。這些條款使每一方都瞭解到，它使自己一方的利益、意見及自尊服從於一個成功的永久性聯合。

導致「霸主」衰落的致命錯誤

杜拉克認真研究了一些已經發展成行業霸主的大企業衰落的現象，例如通用汽車、西爾斯百貨、IBM 等。他指出，在每一個案例中，其衰落的主要原因都是犯了五種致命的經營錯誤之中的至少一種。這五種錯誤都可以傷害最強大的企業，但也都是可以避免的。

過分追求高利潤率

第一種是最常見的錯誤，即追求高利潤率，致使產品價格過高。關於這種錯誤可能導致什麼樣的結果，施樂公司在 20 世紀 70 年代幾近崩潰就是一個典型的例子。這家公司發明影印機以後，便立刻給這種機器增加一個又一個功能，每一種功能都以最大利潤率定價，從而每加一種功能便抬高一次影印機的價格。施樂公司的利潤猛增，當然它的股票價格也上漲。但是，只需要一種簡單機器的大多數消費者卻越來越打算購買其它競爭廠家的產品。當日本的佳能公司推出這種產品時，很快就佔領了美國市場。其後，施樂公司只能苟延殘喘了。

通用汽車公司的麻煩，在很大程度上也是執著於利潤率的結果。到 1970 年時，德國福斯汽車公司的「金龜車」已經佔有大約 10%的美國市場。這表明了美國對小型省油的車有需求。數年後，第一次「石油危機」過去，這個市場已經變得很大，並且還在快速增長。然而，美國汽車廠家許多年來非常樂於把這部分市場留給日本人，因為小型車的利潤率似乎比大型車低很多。

這種想法很快就被證明是一種錯覺。通用、克萊斯勒和福特不得不給大型車的買主越來越多的補貼，諸如折扣、現金獎勵等。結果，三大汽車巨頭付出的補貼大概已超過他們可以用來開發具有競爭力的小型車的代價。

這裏的教訓是，過分追求高利潤率總是為競爭對手創造了市場。高利潤率並不等於最大利潤。利潤總額等於營業額乘上利潤率。因此，只有通過最佳市場定位，才能確定最佳利潤率，由此產生最佳營業額和最佳利潤總額。

依據市場的「最高承受度」定價

第二種錯誤與第一種密切相關：對一種新產品的定價是以「市場的最高承受度」為限。這也為競爭對手帶來了沒有風險的機會。即便某種產品有專利保護，這種政策也是錯誤的。對於哪怕是最強大的專利，只要有足夠的刺激，潛在的競爭者總能夠找到對付它的方法。

日本人之所以能佔有今天的世界傳真機市場，是因為發明、開發並首先生產傳真機的美國人當初已經制定了市場最高承受度的價格，即他們能夠得到的最高價格。而日本人在潛心學習了兩三年之後，將他們的產品在美國的價格整整定低了 40%，一夜之間便奪得了市場，只有一家小批量生產特種傳真機的美國小廠商還能倖存。

與此相反，杜邦公司仍然保持了世界最大合成纖維生產廠家的地位，因為在 20 世紀 40 年代中期，它向世界市場推出的新型專利產品——尼龍，其價格使杜邦必須銷售 5 年才有可能盈利，但也使競爭者無機可乘，從而使它保持了競爭的優勢。

按自己的成本推定價格

第三種致命的錯誤是按成本推定價格。大部分美國公司，尤其是所有的歐洲公司定價時是將全部成本加起來，再加上利潤率。接下來，當它們推出產品後，就不得不開始削價，最終不得不放棄這種很出色的產品，因為它的價格定得不合適。

它們的論點是：「我們必須收回成本，創造利潤。」

這沒有錯，但顧客並不認為確保廠商的利潤是他們的事。定價惟一可靠的方法應該是從市場願意付什麼價開始，也必須假設競爭者將定何種價格，並按照該定價去設計，推動成本核算。

按成本推定價格正是為什麼美國的消費電器產業已不復存在的原因。美國曾經擁有技術和產品，但這是按照成本推定價格運作的，而日本人卻實行價格推動的成本核算。成本引導定價也幾乎將美國的機床產業摧毀，使採用價格引導成本核算的日本人在世界市場上居於領先地位。美國工業近年來的復蘇，正是美國產業界終於轉換到價格引導成本核算的結果。

如果說豐田公司和日產公司已經將德國豪華車製造商成功地趕出了美國市場，那也一定是日本人運用價格引導成本核算的結果。當然，從價格開始削減成本，起初有較多的工作，但最終其工作還是會遠遠少於從錯誤開始，隨後度過幾個虧損年來壓低成本，更不用說和丟掉市場相比了。

舊的成果妨礙新的創業

第四種致命的經營錯誤是「在昨天的祭壇上犧牲掉明天的機會」。意思是：經營者往往容易守住過去的成功不放，不願突破舊的成果，實現更高的創新。正是這一點使 IBM 公司出現危機。它的跌倒是由它獨特的成功造成的：當蘋果公司在 70 年代首先推出個人電腦時，IBM 幾乎在一夜之間就趕上來了。然而，當它在這一新的個人電腦市場占居領先地位時，卻把這個正在發展的新業務約束於舊的搖錢樹——大型電腦。

事實上，這是 IBM 第二次犯這樣的錯誤了。40 年前，當它首先發明電腦時，高級管理階層堅持在有可能銷售打孔資料卡的地方不提供它的電腦，因為打孔資料卡當時是它的搖錢樹。後來，還是司法部挽救了 IBM，因為它提出了針對這家公司壟斷打孔資料卡市場的反托拉斯法訴訟，迫使公司的管理部門放棄了打孔資料卡，從而拯救了剛開始發展的電腦事業。不過，第二次就沒有這種幸運之神來挽救它了。

沈湎於老問題，錯過新機會

最後一種致命的錯誤是把精力花在老問題上而讓新機會聽之任之。杜拉克經常詢問他的新客戶，他們手下最出色的人被安排做什麼事？回答是：他們幾乎無一例外地被安排去解決問題，那些衰落得比預想更快的舊業務、處於競爭者的新產品包圍下的老產品，或是舊的技術，比如模擬交換機，而市場早已轉到數位交換機了。

杜拉克再問：「那麼誰去關心機會呢？」答案幾乎一成不變：機會總是聽之任之，自生自滅。

從「解決問題」中得到的只是消除損害，只有機會才提供成果與增長。實際上，機會在每個方面都與問題一樣困難和要求苛刻。杜拉克指出，正確的做法是：首先需要列出經營業務所面臨的機會，並確定每一個機會都配備了足夠的人員，然後才應該列出問題並為解決它們配備人員。

西爾斯百貨公司在近年來的零售業務中的失利，可能就是由於對機會聽之任之，把精力全放在解決問題上。正在穩步丟失世界市場的歐洲大公司，如德國的西門子公司等，大概也是這樣幹的。而傑克．威爾許的通用電氣公司就做得完全正確。它的政策是：對所有那些不提供長期增長與機會、不能使公司在世界名列前矛的業務，即使它們有利可圖，也將其放棄。然後，公司把最好的人員放在機會的開拓上，不斷推陳出新。

上面所說的一切是人們所熟知的，也已被數十年的經驗充分證明。因此，管理人沈湎於這五種致命的錯誤是沒有什麼藉口的。想保住企業的「霸主」地位，這些錯誤就必須防止它的發生。

第六章

怎樣應對市場的競爭？

傳統的觀念認為，「市場開發」就是「產品銷售」。而在市場經濟較發達的國家，「市場開發」的定義是這樣的：「通過商品交換之過程，使顧客感到滿意。」這種觀念與傳統的銷售相比，有以下各項優點：

一、廠商認識到與自己生產的產品相比，顧客的需求更為重要；

二、注意力集中在顧客的需求上，能幫助廠商較快地認準發展新產品的機會；

三、商品交易變得更有效果；

四、廠商能夠使自己的利益與社會利益更加協調。

對於市場開發，杜拉克也稱之為「市場創新」。他認為：「創新的價值不在於其本身內容的新奇，而在於其在市場中的成功與否。因此，如何將創新成功地帶入市場尤為重要。」為此，他總結了四種市場的「創新策略」，也稱之為「商業策略」。

無限擴張：搶佔市場的統治權

杜拉克提出的第一種市場競爭策略是「無限式擴張」。他說：「無限式擴張」是美國內戰時期一位戰績輝煌的騎兵將領常用的策略，用意在於迅速擴展佔領的地盤。企業家採取這種競爭戰略，目標也是爭得市場「領導權」，或是取得市場及產業壟斷權。換言之，「無限式擴張」的目的並不在於能否迅速「建立一家大型企業」，而在於「永久佔據市場的領導地位」。

巨大的風險意味著豐厚的利潤

「無限式擴張」被許多企業界人士看作是傑出的企業家所應採取的惟一策略。當前這種認識在高科技領域尤為普遍。但是，杜拉克認為，這種觀念是錯誤的。的確，許多企業家都曾成功地運用過這種競爭策略。但是，「無限式擴張」並不應該成為一家企業主要的市場競爭戰略。因為，它不是成功率最高，失敗率最低的策略。相反，它在杜拉克提出的四種競爭策略中是賭博性最高的一種。而且，它不容許犯錯，失敗不起，也不會給你第二次機會。當然，採取這種策略的企業一旦成功，其回報率是其它三種策略望塵莫及的。

瑞士大藥廠曾經是全球最大的藥廠之一，也是利潤最高的製藥公司。但在 1920 年以前，它一直是一家掙扎在生存邊緣的小化學製造廠，僅生產一些很普通的紡織染料。後來，它孤注一擲，將全部資金押在發展維生素上。當時科學界還沒有承認這種物質的存在。由於無人對維生素有興趣，因而它很容易買到生產維生素的專利權。它還高薪聘請了維生素的原始發現者到公司做研究。這些人原本是德國某大學的化學教授，瑞士大藥廠以數倍於教授的薪水請他們前來繼續研究這種醫學新產品。他們所得到的薪水在製藥界也是前所未聞的。然後，瑞士大藥廠傾全力於這種新產品的製造及銷售。它甚至還向其它廠商及金融機構貸款以實施這種「無限式擴張」策略。

等到 60 年後，瑞士大藥廠的維生素的生產專利權到期時，它已佔據了世界近一半的維生素市場，每年的收入達幾十億美金。

美國杜邦公司也曾成功地運用了這一策略。經過了 15 年艱辛的科學研究之後，杜邦終於發明了一種真正的人造纖維——尼龍。它立即投入了所有的資源以推進無限式擴張。它開始建造一家又一家化學工廠，並在傳播媒體大作廣告。結果是，它創造了一個前所未有的產業——塑膠業。

或許有人會說，這些都是大企業的故事。但是，杜拉克還列舉了幾個從名不見經傳的小公司靠「無限式擴張」策略而白手起家的案例。

文字處理器其實算不上科學新發明，它只是把三種已有的機器——印表機、電腦顯示器和一台普通電腦結合在一起。但是，這種結合促成了辦公設備大改革。我們可以把這種組合稱為科學上的創新。

在 20 世紀 50 年代，華裔科學家王安博士察覺到這種組合的神奇。當時他還沒有多少企業經驗，也談不上什麼成就，更沒有多少經濟實力。但是，從一開始他就決心打出一塊市場，目標則是針對辦公室。後來，王安實驗室成了一家頗具規模的大公司，即著名的「王安電腦」。

杜拉克認為，鞏固陣地，不讓它失去，這也是市場「擴張」策略的一種變形。「無限式擴張」策略並不僅僅適用於「開發新市場」，但它要求至少必須壟斷原有市場。

明尼蘇達州聖保羅市的 3M 公司並未企圖開發一個「日進斗金」的新市場，從事健康器材製造的強生公司也從來沒有做過「無限式擴張」的嘗試，但它們都是全美國最富有、最成功的市場創新者之一。

杜拉克還認為，「無限式擴張」這種競爭策略並不僅僅局限於企業，它對於公共服務機構也相當有效。

當普魯士外交官威廉創立柏林大學時，他就採取了「無限式擴張」策略。當時，普魯士被法國的拿破崙打敗，普魯士面臨被瓜分的命運，在政治、軍事及財政上都已宣告破產，其情形就像 1945 年戰敗後的納粹德國。但是，威廉毅然建立了全歐洲最大的大學——柏林大學。柏林大學比當時歐洲的其它大學大三到四倍以上。他開始四處尋訪各學科的一流學者。從聘請當時最偉大的哲學家黑格爾開始，他付給教授的薪資是大學教授有史以來最高薪水的十倍。那時候，由於拿破崙戰爭，許多著名的大學都被迫解散，大學教授只好到處向人借錢。

同樣，一百年後，也就是 20 世紀初，兩位住在羅徹斯特小城的外科醫生決定創立一家醫學中心。這家醫學中心以全新的醫療觀念和臨床實驗為基礎，設置研究課題。針對每個課題，幾個各有專攻的外科醫生編成一個小組，每個小組由一位資深醫生擔任組長。科學管理之父泰勒從來沒見過這兩位醫師，但在 1911 年的美國國會聽證會上，他認為這所醫學中心是他所知道的惟一具有完備而成功之科學管理模式的醫院。

這兩個鄉下外科醫生一開始就確定了他們的目標：（1）控制相關領域。（2）吸收全國各地最有權威的臨床醫師及有才能的年輕人。（3）吸引有能力支付天文數字之醫藥費的病人——這些目標正體現了「無限式擴張」戰略的要求。

目標鎖定新產業或新市場

杜拉克指出，「無限式擴張」策略必須定下一個宏大的目標，否則注定會失敗。而這一策略的目標必定是瞄準新產業或新市場。或者，至少是創建一個與眾不同的反傳統「生產過程」。例如，1920 年，當杜邦將全球最權威的科學家卡洛瑟博士請回來研究開發尼龍時，他當然不會說：「卡博士，現在讓我們合作建立一個塑膠產業吧！」因為，塑膠產業這個詞語一直到 20 世紀 50 年代才開始使用。但是，根據杜邦公司高層管理者的資料檔案，當時杜邦確實是想要創造一個嶄新的塑膠產業。王安博士同樣也不會說：「我的產品代表著未來的辦公設備。」但是，在他的第一波廣告宣傳中，就明確地給人們展示一種新的辦公環境及辦公理念。杜邦與王安的共同點在於：他們企圖一開始就壟斷他們所要創立的產業。

杜拉克認為，最能夠表達「無限式擴張」策略之精髓的並不是企業案例，而是威廉的柏林大學。

事實上，威廉對「大學城」並無太大的興趣。「柏林大學」對他來說，只是一種「重整政治秩序」的手段。或者說，柏林大學是他的「政治模型」；也就是既不會像 18 世紀的君主專制那麼獨裁，也不是法國大革命式的民主政治，保持一種均衡的政治體系。

威廉早期曾將這一觀念寫在書上，但當時的條件不允許他實施。可是，在普魯士被拿破崙打敗之後，普魯士王朝的崩潰使得能夠阻止他的理想的力量都土崩瓦解了。他乘機崛起，創立了柏林大學。然後，將其作為他政治理想的表達工具。歷史證實了他獲得輝煌的成功。柏林大學在後來創建了一種獨特的政治架構，這種架構在 19 世紀被德人稱為合乎自然法則的政府。它不僅使普魯士在德國境內擁有道德、文化、政治及經濟等領域的絕對優勢，而且不久之後，就在歐洲取得了領導地位，並受到一些西方國家的推崇，尤其是英國及美國。直到 1860 年，德國的這一套架構都是英國人和美國人文化及知識上模仿的對象。這些不朽的豐功偉績都是威廉在他最絕望時所看到的遠景，而這種遠景正是一種全新的景象。

由於「無限式擴張」必須對準「創造新事物」這一目標，因此有時候外行人也可以做得跟內行人一樣好，甚至更好。這是因為外來者的眼光有時候會比圈內人更銳利。這正是所謂「旁觀者清」的道理。例如：瑞士大藥廠的市場創新思想並非來自化學家或工程師，而是來自一位音樂家。時至今日，這家公司的主要管理人員並非化學家，也不是那位音樂家，而是曾在瑞士一家大金融機構工作過的財政專家。而創建柏林大學的威廉姆在教育界可說人地生疏，因為他本來是一個外交官。杜邦公司的高層管理人也非由化學家或科學家組成……

當然，這並不是說圈內人就無法成功地運用這項策略。例如：王安電腦的王安博士和 3M 的工程師都是行內高手。只是說，使用「無限式擴張」策略時，外來者佔有某些優勢。因為他們不懂得圈內人所知道的那些「條條框框」，所以也不知什麼是無法做到的，從而就沒有任何顧忌。

無限擴張必須一次擊中要害

杜拉克告訴我們，「無限式擴張」這種市場競爭策略有一個與眾不同的特點，那就是它必須一次擊中要害，否則難免全軍覆沒。而且「覆水難收」，一旦我們將此策略付諸實施，就很難再對其進行調整。

因此，使用這種策略之前，一定要仔細考慮並詳細分析。也就是說，它的實施必須建立在經過深思熟慮之後所發現的重大市場機遇上。

威廉的柏林大學是抓住了「認知變化」這一機會實施的。法國大革命以及它對貴族、教士的血腥報復，再加上拿破崙企圖征服歐洲的野心，使得歐洲許多資產階級人士對「政治」感到寒心。但他們也不願回到 18 世紀的君主專制時期，更不用說封建時期了。他們所需要的是一個自由而理想的政治氛圍，和一個建立在他們所信仰的法律和教育原則之基礎上的理想政治的政府。威廉就是利用這種時機開拓他的政治構想，建立了柏林大學。

王安電腦的文字處理器很聰明地利用了一個技術發展提供的可能性。1970 年，隨著電腦技術的發展，人們消除了對電腦的恐懼感，進而，人們開始設想：電腦能夠為我個人做些什麼服務呢？到此時，辦公室的職員才開始利用電腦做一些諸如「控制庫存」、「計算員工月薪」之類的工作。那時，辦公室有了影印機，各辦公室的文件數量也直線上升。王安電腦的文字處理器恰在這時出現了。它可以解決辦公室職員最頭痛的問題——謄寫商業書信、演講稿、報告、手稿。這些工作常因稿子的一點點改動，必須一再重複。

瑞士大藥廠在選擇維生素時是利用了新知識提供的有利契機。而制訂其策略的那位音樂家在哲學家湯瑪斯・孔恩完成其名著《科學革命的結構》整整 30 年以前就理解了科學革命的內涵。但當時的許多科學家群起反對。一直到傳統模式被徹底推翻時，才有許多人注意到他的正確性。在此期間，少數接受並利用這個理論的人已經控制了整個領域。

策略的推進需要付出專一的努力

「無限式擴張」必須有一個清晰的目標，然後全力以赴，才可能成功。當這些努力開始產生結果時，市場開拓者即應快速調動大量資源支援這個策略。例如：杜邦發明了可實用的合成纖維，在市場尚未反應之前，它就開始建立大型工廠，並對紡織工廠及普通公眾大做廣告，進行試驗演示並贈送樣品。

在市場創新真正成為一項事業時，真正的工作才算開始。「無限式擴張」需要以不斷、強大的後備支援及努力維持其領先地位。否則我們所做的一切就是在為競爭對手創造機會，培育市場。因為形成一個新市場需要大量投入，有可能耗盡你所有的資源。這時，辛辛苦苦培育出來的市場只能拱手讓給別人。因此，利用「無限式擴張」策略者必須比啟動之前更加努力，才可能保持領導者的地位。

調查研究的費用也比創新成功前投入得更多。我們必須不斷找出新用途，挖掘新客戶，並且必須說服這些新客戶使用我們的商品。最重要的是，一位真正高瞻遠矚的企業家必須在新的競爭者出現之前，把原來開發的新產品淘汰掉，代之以更新更先進的產品，以遏止或殲滅任何可能的反擊。並且，開發新產品的工作必須在自己仍佔據領導地位時立即動手，並投入同樣的大量人力、物力以保證第二次開發創新的全面成功。

以較低的產品價格迅速佔領市場

最後，佔據市場領導地位的企業家必須有計畫、有系統地降低其產品價格。因為使用「無限式擴張」策略時，他的目標一定是壟斷市場。要壟斷市場，就必須阻止其他競爭者加入。這就要求下調價格，以迎合公眾心理。如果堅持產品的高價位路線，等於在為競爭對手提供可乘之機。

以較低的產品價格迅速佔領市場是由諾貝爾炸藥公司率先使用的。諾貝爾炸藥公司成功的關鍵在於諾貝爾本人發明了炸藥。它壟斷火藥市場直到第一次世界大戰。甚至在大戰後，它的專利權失效時，仍然控制著整個火藥市場。它的地位之所以能夠如此穩固，是因為每當需求量增加 10 ～ 20％時，它就開始削減價格，連鎖公司則削減其成本以促銷更多的產品。這使得潛在的競爭對手望而卻步，因無利可圖而無意建立新工廠，進入火藥市場。這就是諾貝爾公司保持領先地位及其贏利的原因。杜邦公司、王安電腦的電腦文字處理器、3M 的各項產品都曾採取這一戰術。

充分認識風險性，做好萬全之策

以上都是成功的故事，它們並未反映「無限式擴張」策略高風險性的一面。其實，除了少數成功者以外，還有許多我們未看到的失敗者。杜拉克認為，使用「無限式擴張」策略，結果不是全勝，就是慘不忍睹的大潰敗；即沒有所謂「幾乎成功」或「幾乎失敗」的情況發生，只有「絕對勝利」與「徹底失敗」這兩種結果。而且，成功的幾率很難事先預測，很多時候，失敗與成功只有一線之隔。

尼龍的成功就純屬偶然。1930 年，世界上根本不存在尼龍市場；而且剛問世時其價格也太貴，無法與棉紗或人造絲抗衡。當時棉紗與人造絲是最流行的紡織紗。尼龍甚至比絲綢更貴。日本是世界上最大的產絲國，1930 年代經濟大恐慌，廉價地傾售絲綢。所以，比絲綢更貴的尼龍按理說，根本沒有發展的機會。但是，第二次世界大戰的爆發，阻止了日本絲綢的出口。1950 年，日本重整旗鼓，準備在紡織品市場大幹一場，尼龍已穩住了陣腳，嚴陣以待。它此時的價格只有 30 年代時的五分之一。

經過如上的分析，杜拉克總結道：「無限式擴張」策略具有相當高的失敗率，它可能因為創新者意志不夠堅強、努力的方向不正確，或是沒有足夠的資源可以利用而失敗。也就是說，即使剛開始極為成功，如果沒有足夠的資金繼續擴張戰果，也可能會功虧一簣。所以，儘管「無限式擴張」一旦成功，其回報率高得驚人，但是，只有很少數的商業機構使用它。

因此，在實施這種策略之前，就必須進行「深入的分析」並準確掌握「發展趨勢」。實施以後，還需要集中大量資源。所以，在大部分情況下，其它策略皆可用來替代它。這不是因為其它策略的風險性小，而是因為大部分創新的回報不值得我們冒如此大的風險，投入如此多的努力、金錢及資源。

可見，大收益背後暗藏著巨大的風險。「無限式擴張」決不能盲目，必須組織嚴密。不可打無準備、無把握之仗。

攻其不備：從對手的疏漏處攻擊

杜拉克提出的第二種市場競爭策略是「攻其不備」。它包含兩個完全不同的戰略，即「創造性模仿」和「企業柔道」。它們有一個共同性：都是在原創者留下疏漏的地方入手攻擊，使對手措手不及，進而佔領市場。

模仿高手是更好的創新

杜拉克認為，「模仿」也是一種創新。為此他提出一種「創造性模仿」的市場競爭策略。這種提法從字面上看，有明顯的矛盾。創造性的東西必然是原創的，而模仿品則不是原創的。但這個詞很貼切地描述了這種市場競爭策略，即：一家企業家所做的事，別人已經做過；但它又是「創造性」的，因為它比原創者更能理解事情的真正含義。

這個戰略最成功也最高超的實踐者就是 IBM。

20 世紀 30 年代早期，IBM 生產了一種高速計算設備，為美國紐約哥倫比亞大學的天文學家進行計算。幾年後，它又為哈佛大學設計生產了一部被稱為電腦的設備，進行天文計算。到二次世界大戰時，IBM 製造出一台真正的電腦，具有現在所說的電腦的特徵：「記憶體」和編程容量。但是，很少有歷史書籍將 IBM 視為電腦的發明者。原因是，當 1945 年 IBM 完成它的高級電腦時，它就放棄了自己的設計，轉而採用競爭對手的設計，即賓夕法尼亞州立大學開發的 ENMC。ENMC 更適合在商業上使用，如發放工資。但它的設計者未能看到這一點，而 IBM 看到了，於是，它採用了 ENMC 的技術，並生產了許多這類電腦，利用它們進行「數位處理」。當 IBM 生產的 ENIAC 於 1953 年面世時，它立即成為商用、多功能、主機電腦的標準產品。

這就是「創造性模仿」戰略。待別人已創造出新事物，但還差一點火候時，它再開始行動。「後來者居上」。它在很短的時間內就能使這個真正的新事物完成最後的工作，滿足顧客的需求。也就是進行創造性模仿，然後設立標準，控制市場。

在個人電腦方面，IBM 再一次運用了創造性模仿戰略。個人電腦原是蘋果公司的設想。起初，IBM 的每一個人都認為生產小型、獨立的電腦是一個錯誤，因為它不經濟、不完善，而且昂貴。然而，它成功了。這時，IBM 立即著手設計一種成為個人電腦行業之標準的機器，以求壟斷或至少控制整個領域。結果就產生了 PC 機。在兩年的時間內，它就取代了蘋果公司在個人電腦領域的領導地位，成為賣得最快的品牌和行業標準。

杜拉克分析道，與「無限式擴張」一樣，「創造性模仿」戰略的目標是佔據市場或行業的領導地位，只不過它的風險較小。因為，在創造性模仿者開始行動時，市場已經形成，新事物已經被接受。而且，通常情況下，此時的市場需求遠超過原創造者的供應能力。

他還從反面指出了原始創新者反被模仿者擊敗的值得警惕之處。當然，創新者可能在一開始就做得非常好，從而把模仿者擠出市場大門；例如霍夫曼－拉羅什的維生素、杜邦公司的尼龍及王安實驗室的文字處理器等等。但是，許多人採用創造性模仿策略取得顯著的成功。這充分顯示，原創者搶先佔領市場固然風險巨大，但它不是最主要的風險，更大的威脅在於被模仿。

從這些例子中可以看出，創造性模仿並不是利用先驅者的失敗。相反，先驅者必須成功。而創造性模仿者沒有發明一個產品或一項服務，它只是將已有的產品或服務完善化，並給它準確的定位。所以，這裏的關鍵是，原來的新產品最初被推入市場時還缺少一些東西，如產品的特性、適應於不同市場的產品或服務的劃分，也可能是產品在市場中的正確定位。總之，創造性模仿者正好提供了它所缺少的東西。

創造性模仿者是從客戶的角度看待產品或服務的。從技術特性上看，IBM 的 PC 機與蘋果個人電腦並沒有特別的差異，但 IBM 從一開始就向客戶提供程式和軟體，而蘋果公司仍然通過專賣店，以傳統方式分銷電腦。IBM 打破了自己多年來的傳統，開發各類分銷渠道、專賣店，還通過大零售商及自己的零售店等銷售自己的產品。它使顧客很容易就買到產品，並且很容易使用。

總而言之，創造性模仿這一市場競爭策略是從市場而不是從產品著手，是從顧客而不是從生產者著手。它既以市場為中心，同時又受市場的驅動。

杜拉克這樣概括運用創造性模仿策略所需要的條件：「創造性模仿要求存在一個快速發展的市場。」

創造性模仿者並非通過從原創新者手中搶走顧客而成功，他們是服務於先驅者創建但沒有提供很好之服務的市場。創造性模仿只是滿足了業已存在的需求，而不是創造一個需求。

當然，這個戰略也有它自己的風險，而且風險很高。創造性模仿者由於試圖規避風險，往往同時進行多個事業，這樣就可能分散精力。另一個危險是對趨勢判斷失誤，在創新事物已不再是市場的寵兒時進行模仿，其後果當然是失敗。

IBM 這個世界上最傑出的創造性模仿者，它的經歷也向人們展示了這種策略的危險。它成功地模仿了辦公室自動化領域的每一個重要成果，而且在每一個單一領域都擁有領導產品。但是，由於每一種產品都是模仿而來，產品花樣太多，彼此很少相容，因此不能用 IBM 的標準構件建立集成的自動化辦公系統。於是，人們開始懷疑 IBM 能否保持辦公室自動化方面的領導地位，能否提供集成的系統。可以說，模仿者太過精明可能正是風險之源，而且它是創造性模仿戰略所固有的。

由於創造性模仿的目標是控制市場，它最適用於日常消費品的廣大市場。它的戰略條件之要求少於無限式擴張的戰略，風險也較低。當創造性模仿者採取行動時，市場已經形成，需求已經產生。只是原產品所缺少的東西都被它給彌補了。這就要求模仿者具備警覺性、靈活性，並且要樂意接受市場對產品的意見。更重要的是，要辛勤工作，不懈地投入大量精力。

以柔克剛、以弱勝強的「企業柔道」

當企業面對強大的競爭對手時，如果能鑽對方的空子，「四兩撥千斤」，僅使用巧力就可以不費勁地取勝，杜拉克稱之為：「企業柔道」。

1947 年，貝爾實驗室發明了電晶體。人們立即意識到電晶體即將取代電子管，特別是在收音機和電視機等消費產品中。每一個人都知道這一點，但沒有人對此做出任何反應。美國大製造商開始研究電晶體，並計劃「在 1970 年左右的某個時候」再轉化成電晶體產品。當時他們都聲稱，電晶體「尚未做好準備」。新力公司當時在日本以外毫無名氣，也未曾涉足消費性電子產品市場。但是，當新力總裁盛田昭夫在報紙上讀到關於電晶體的消息時，他立即前往美國，以低價從貝爾實驗室手中購得了電晶體的製造和銷售權，總共只花了 2.5 萬美元。兩年後，新力推出了第一台攜帶型晶體管收音機，重量還不到真空管收音機的五分之一，成本不及其三分之一。三年後，新力公司佔領了美國的低價收音機市場；五年後，日本人佔領了世界的收音機市場。

那麼，美國人為什麼拒絕電晶體呢？原因僅僅是由於它不是「本行業發明的」。即：不是由大型電氣或電子公司發明的。這是一個典型的因自負而丟失機會的例子。

但是，新力的成功絕非偶然。它反覆在電視機、電子錶和掌上計算器上使用這個戰略。在進軍影印機市場時，它也是運用這一戰略，並從早先的發明者施樂公司手中奪走了大部分市場份額。換句話說，日本人一次又一次成功地使用了「企業柔道」，將美國人摔得七葷八素。

花旗銀行在德國開辦消費銀行——「家庭銀行」，短短幾年內就控制了德國的消費者金融業務。它也採用這種柔道策略。

德國銀行知道普通的消費者有購買能力，而且是潛在的客戶。它也考慮過提供消費者銀行業務的措施，但它認為銀行並不急需這些客戶。而且，與商業客戶和富有的投資客戶相比，零散的消費者有損重要銀行的尊嚴。因此，無論它的廣告說得多麼天花亂墜，當消費者到它的分支辦事處去開戶時，它的人員卻總擺出一副盛氣凌人的姿態，把他們看得毫無用處。

這正是花旗銀行在德國開創家庭銀行所利用的機遇。家庭銀行專門針對個人消費者，設計了他們所需要的服務項目，使消費者與銀行開展業務非常容易而方便。儘管德國銀行在德國有很強大的實力和滲透力，它們在每個城市中心的主要街道上都設有辦事處，但是，花旗銀行的家庭銀行還是在五年之內控制了德國消費者的銀行業務。

所有這些新來者——日本人及花旗銀行，都運用了企業柔道戰略。杜拉克認為，在所有市場競爭戰略中，尤其是那些旨在取得某一個產業或市場的領導和控制地位的戰略中，「企業柔道」風險最低，成功率卻最高。

為什麼這種企業柔道戰略，對於一些企業來說，可以反覆使用，並不斷成功。杜拉克詳細分析了柔道戰略得以成功的原因。他以罪犯的固有習慣為例，說明這一道理。每一個警察都知道慣犯往往都有習慣性的作案方式。哪怕這將導致他一次又一次被捕，他也不會改變這種習慣。罪犯若被抓獲，他也很少會認為是他的習慣出賣了他。相反，他會找出各種理由——繼續保留那種使他自己被抓獲的習慣。

同樣，當某一企業因自己的習慣而慘遭損失，它很少承認自己的失誤，而會找出各種理由解釋。以美國電子產品生產商為例，他們把日本人的成功歸功於日本勞動力的廉價。只有少數美國生產商能面對現實，例如電視機廠商 RCA 的產品就能夠在價格上與日本的產品相抗衡，而且在質量上也不相上下。此外，他們付給工人的工資也不低，還提供工會所要求的福利。德國銀行都一致認為，花旗銀行開辦家庭銀行業務的成功是由於花旗敢冒他們不敢冒的風險。正是基於此，企業柔道這種競爭戰略可以反覆使用。

因此，杜拉克認為，如果要使用這種「企業柔道戰略」，必須善於發現對手的「壞習慣」：

第一個壞習慣：是對「非來自自己者」的輕視意識。

這種自負使企業或產業認為只有自己想出的東西才有價值，別人的新發明必遭拒絕。美國電子生產商對電晶體的態度就是這樣。

第二個壞習慣：是只想奪占市場中利潤最高的部分。

施樂公司就是因為這個原因，使日本模仿者在影印機上抓住了可乘之機。施樂只把目光瞄準大客戶，即那些肯花大價格買高性能或大量設備的買家。當然，它也不拒絕其他小客戶，但它不去主動滿足小客戶的需求，不力求吸引他們。結果是，小客戶對其所提供的服務大感失望，因而轉向購買競爭對手的設備。

杜拉克把這種「壞習慣」比喻成「擠奶油」，意指從最肥的地方下手，企圖從市場「肥客」的貢獻中獲得好處。一旦企業養成這種習慣，就很容易持續下去。這就給其他人採用企業柔道策略以可乘之機，最終丟失了自己的市場。

第三個壞習慣：是迷信質量。

產品或服務的「質量」不是生產商賦予的。客戶只給對他們有用，能為他們帶來價值的東西付錢。其它東西再好，都不能算高「質量」。

20 世紀 50 年代的美國電子製造商認為擁有完美的電子管產品才是「優質」的，因為他們花了 30 年的時間從事研究開發，使收音機更複雜、更龐大、更昂貴。他們認為，只有這種產品才算有「質量」，因為它需要大量技術才能生產出來。而電晶體太簡單，不懂技術的工人在裝配線上就可以生產出來，因而根本談不上「質量」。但在消費者眼裏，晶體管收音機很顯然更「優質」。它的重量很輕，可以隨身帶去沙灘或野營。它很少故障，無需更換電子管。它的價格大大降低。與含有 16 個真空管的超外差收音機相比，它的接收範圍和保真效果都略勝一籌。而且，電子管經常在使用時被燒毀。

第四個壞習慣：是對「高價格」的誤解。

市場上有一條規律：「高」價格往往招來競爭對手。自19世紀早期法國的賽伊和英國的李嘉圖以來，二百年間，經濟學家都認為，除了壟斷以外，獲得較高利潤的惟一途徑是降低成本。企圖通過高價格以獲得高利潤，往往是自欺欺人。因為高價格為競爭者撐起了保護傘。不出幾年，新來者就會取代以前領先者的地位，自己稱王。

這種壞習慣常見於一些大企業，並常常導致它們的衰亡。施樂公司就是一個很好的例子。隨著市場的不斷成長和發展，它們不斷增加產品的功能，試圖以同一種產品或服務滿足每一個用戶，以維持高「價格」。

這裏以推出一個新的測試化學反應的分析儀器為例。剛開始，它的市場有限，僅限於工業實驗室。隨後，大學實驗室、研究機構和醫院紛紛購買這種儀器，但每一個用戶的需求都有點不同。於是廠商又增加A功能以滿足A客戶，增加B功能以滿足B客戶的要求。就這樣，直到本來很簡單的一個儀器變得非常複雜，這個廠商最終把這個儀器的功能最大化了。結果，這個儀器不再滿足任何人的要求。因為要想使每一個人都滿意，最後的結果肯定是沒有一個人能滿意。而且，這種儀器越來越貴，不容易使用，也難以維護。

這個生產商將確定無疑地成為企業家柔道戰略打擊的犧牲品。他所自認為的優勢常常成為阻礙他發展的劣勢。市場「新進者」可能推出一種滿足其中一個市場的儀器，如醫院。它不包含醫院用不上的任何多餘的功能。反之，醫院所需的每一項功能它都有，而且性能比多功能儀器所提供的更好。這個廠商還可能向研究實驗室、政府實驗室、工業實驗室等分別提供一種型號的儀器。不用多長時間，這個新廠商就會憑藉這一點搶走市場。

同樣，當日本人帶來他們的影印機與施樂公司競爭時，就採用了這一策略。

而新力公司剛開始也是先進軍低級的收音機市場，也就是攜帶型收音機的有限市場。一旦在這個市場站穩了腳跟，便又開始轉向其它市場。

企業柔道首先瞄準的是佔領一個安全可靠的灘頭堡。這個灘頭堡往往是已有根基的領先者不屑於反擊的據點。比如花旗銀行建立家庭銀行時，德國人根本沒有看好這項服務，也沒有組織反擊。在搶灘行動成功以後，即新入市者擁有了一個合適的市場和穩定的收入以後，它們又開始向另一個灘頭挺進。最後是整個「沙灘」。

在這一系列行動中，它們都重複著這個戰略。它們設計了一種最適合於特定市場的產品和服務。原來的領先者很少會打擊它們。在新來者搶走其領導地位，主導市場之前，這些老牌企業很少會改變自己的行為。

杜拉克還指出，在下面的三種情況下，企業柔道戰略將取得特別的成功。

第一種情況比較常見：已有根基的領導者拒絕在意外的成功或失敗的事件上做出反應，不是忽略它就是將它拒於門外。這正是新力公司利用的機遇。

第二種情況是一種新技術出現，而且發展迅速，向市場推出這項新技術（或新服務）的發明者行為卻像古典的「壟斷寡頭」：它們利用領導地位從市場「擠奶」，制定「高價格」戰略。而事實上，無論何種形式的壟斷，領導地位只有當領導者作為「仁慈的壟斷寡頭」時才得以保持。

仁慈的壟斷寡頭在競爭對手降價之前就削減價格。而且，在競爭對手推出新產品之前，它就主動淘汰舊產品，推出新產品。反之，如果市場領導者利用其領導地位提高價格或提高邊際利潤，則任何使用柔道戰略者都可能將其擊敗。

第三種情況是，當市場或產業結構快速變化時，柔道策略也往往非常奏效。家庭銀行的案例即屬此類。由於德國在20世紀五六十年代開始走向繁榮，普通老百姓除了開立傳統的儲蓄賬戶或進行傳統的抵押業務外，還開始涉及其它金融業務。但德國銀行卻拘囿於原有的市場，不求變革。

柔道戰略總是以市場為中心，並受市場推動。其起始點可以是技術，如盛田昭夫從二戰後百廢待興的日本前往美國去購買電晶體生產經營許可證時就是如此。僅僅因為電子管過重而且容易被燒毀，盛田昭夫就看到了已有之技術很難滿足的一個市場：攜帶型收音機（隨身聽）市場。於是他為這個市場，即收入較少，對儀器的接收範圍和音質的要求都不高的年輕人，也就是一個老技術不合適的市場，設計了合適的收音機。當它在市場中佔有了相當份額之後，隨即向其他客戶進軍。

怎樣使用好柔道戰略呢？杜拉克指出，首先要對你要進軍的行業進行全面而充分的分析，這包括生產者、供應商，他們的習慣，特別是他們的壞習慣，以及他們的策略等各個方面。然後再看市場，找到一個你的戰略會取得最大的成功，遭受的抵制最少的切入點。

企業家柔道戰略還要求一定程度的創新。一般來說，僅以低價格提供相同的產品或服務並非上策，必須有某些區別於現有產品的東西。當花旗銀行在德國建立家庭銀行時，它增加了一些創新的服務項目。一般來說，這些創新服務，德國銀行是不會向小儲戶提供的，如旅行支票或繳稅建議等。

也就是說，市場的新入者如果僅僅以低價格做得與原有的領導者一樣好，是遠遠不夠的。新來者還必須使自己與眾不同。

與「無限式擴張」和創造性模仿戰略一樣，企業家柔道的目標是瞄準領導地位，繼而主宰市場。但是，它並不與原有的領導者進行正面交鋒。

杜拉克很精彩地點明了——企業家柔道的精髓就在於「攻其不備」。

構築要塞：
在防守中立於不敗之地

「無限式擴張」、「創造性模仿」、「企業柔道」等市場競爭策略的目的都在於壟斷市場或取得市場的領導地位。構築「企業要塞」的目的則在於重點控制所取得的市場份額。前一些策略追求的一貫目標是在廣大市場或產業中建立龐大的企業。後一種策略的「野心」則不太一樣，它的目標是：重點打擊整個市場最敏感且重要的地帶，施加火力搜索。也就是說，它的目的是「點的控制」，而非「線及面的控制」。

前面三種策略極富進攻性。相反地，「企業要塞」的主要目的在於「固守陣地」，使自己的勢力範圍免遭外來者入侵。前面三種策略的運用者到後來可能成為大型企業。它們變得非常引人注目，並且名利雙收。但是，「企業要塞」的推行者可能只拿錢而不圖名。他們可能躲藏在隱暗的市場角落，拼命賺錢。在許多成功的「企業要塞」個案裏，最重要的一個原則是「隱藏自己」。即使我們的產品對某一產業、某個市場具有很大的影響力，我們也不要露出頭來，像傻瓜一樣四處張望，到處招搖，這樣我們就能夠躲過企業中最普遍的現象及危機:引來敵人的注意，並對你發起攻擊和挑戰。

在「企業要塞」策略裏，有三種不同的戰術，每一種戰術都有它獨特的條件、局限及風險。

要塞戰術之一：設置市場「關卡」

杜拉克曾提到，美國阿肯公司發明了一種保存酶的方法。這種酶可溶解眼角膜的韌帶。割除眼角膜韌帶會導致病人流血不止，以前是常常困擾眼科醫師的一個難題。在這種保存酶的方法被阿肯公司發明並申請到專利之後，阿肯公司在這一獨特的市場上就擁有一個「關卡」。沒有任何一個手術醫師為病人開刀時不使用它。不管阿肯公司一湯匙的酶賣多少錢，也沒有人會提出任何異議。因為，每一次白內障手術一定要用到它，而且，跟整個手術的醫藥費及手術費比起來，這一湯匙酶的費用實在微不足道。而這個市場是如此之小，每年的交易額總共不過 5000 萬美金而已，所以沒有人會想在這個市場闖天下，發明新產品。並且，世界上的眼科手術次數也不可能因為這種酶的降價而增加。所有後來的競爭者所能做的只是將全球的眼科手術用酶的費用降低而已。這樣對他並沒有什麼好處，他也不可能撈到多少錢。

杜拉克還提到一家也曾佔據「關卡」地位的中型企業。這家企業 50 年前是生產油井防爆器的。我們知道，開一口油井需要花費幾百萬美元。而油井爆發可能在幾十秒鐘內就摧毀所有的資本與設備。所以，不管賣多少錢，油井防爆器都是最便宜的保險系統。油井一旦開發，就必須購置此種設備加以保護。但它的市場極為有限。我們可以想像，多少年才開一口油井。所以競爭者都知難而退了。因為降低油井防爆器的價格不可能吸引更多的人來採油，而且它的價格只占全部採油過程之費用的百分之一。因此，競爭者只能降低它的價格，而無法增加市場的需求。

由上述可知，「關卡」戰術是最理想的商業堡壘，只要佔據「關卡」，就能夠抵擋住競爭者的千軍萬馬。杜拉克指出，這種戰術需要嚴格的條件，即：關卡內的產品必須對某種生產過程擁有絕對性的影響力。而且，若不使用它，必然會帶來危險。如在眼科手術中不使用酶，可能會失掉一隻眼睛；在開發油井中不使用防爆器，可能會損失一座油井。而且，它的市場空間必須非常小，先進去的人足以守住關口，擋住千軍萬馬。

「企業要塞」的確是一個很絕的地方，它只有容納一種產品的空間，又不足以吸引競爭對手的眼饞及攻擊。

這種很絕的位置並不太容易找到，它們通常出現於某種不協調的狀態之中。在阿肯公司眼科用酶的個案裏，它存在於白內障手術過程中一個很不和諧的步驟——割除眼膜韌帶上。在「油井防爆器」個案中，它存在於可能的損失及適當防護兩種代價之間的縫隙裏。

但是，「關卡戰術」也有它的局限與風險。關卡位置一旦被佔據，這位置內的產品就不可能取得非常高的成長率。佔據這個關卡的公司不可能增加產品的銷售量，也不可能再人為地控制整個市場。而且，不管其產品的價錢多便宜，或品質多好，產品的需求量完全取決於客戶對整個過程需要的多少。

這個過程對阿肯公司並無直接的影響。因為白內障患者不會因經濟的變動而增減。但油井防爆器對企業就有很大的影響了。在 1973 及 1979 年的石油大量開採中，生產油井防爆器的企業必須投入大量資本建新廠，以應付鑽井的巨大需求。油井防爆器製造商預感到好景不常，但還是必須咬著牙投資，即使心裏明白可能血本無歸。因為，如果不投資，加強設備，可能就永遠失去部分客戶。另一方面，這一選擇又讓這些廠商有苦難言，因為，幾年後，經濟不景氣必然會影響石油的銷售量。果然，後來開發油井的次數減少了80％，油井防爆器的銷路也隨之降低了。

「關卡戰術」一旦達到目的，企業就算是「成年」了，不可能繼續生長。它的成長率只能配合最終使用者的成長速度。但它的成長率下降卻可能非常迅速。如果有人發明了不同且更好的產品供給最終使用者，它便可能在一夜之間就被淘汰。

並且，「關卡戰術」的運用者切忌在他壟斷的市場中對客戶進行榨油。他絕不能利用他的壟斷權榨取更多利潤，剝削他的顧客。否則，這些最終使用者會聯合起來更換新的供應者，或將目標轉移到他們可以控制的次級品質的供應商。

關卡戰術中的「關卡」可能是一夫當關，萬夫莫開般的穩固。但它的威力半徑非常小。阿肯公司企圖克服這一限制，它製造了許多有關保養眼睛的藥品，像「人造眼淚」、「隱形眼鏡清潔液」，「免過敏性的眼藥水」等。

但是，杜拉克說，據他個人所知，阿肯公司是「關卡戰術」運用中惟一成功地將它的產品多樣化的公司，並且這些產品超出了它原有的範圍，阿肯公司也跨出了它所堅守的「關卡」，在其它領域爭奪地盤。但是，如果冒險地闖入另一層次的市場，而這種市場的環境，堅守「關卡」的公司又不熟悉，這樣做是否明智就很難說了。

要塞戰術之二：擁有特殊的技術

大家都知道著名汽車生產廠家的名稱，但很少知道為這些公司供給電氣及燈光設備的公司名稱。其實，這一類公司的數目遠比這些名牌車廠的數量少，如：美國通用汽車公司的戴爾柯、德國博斯公司、英國卡萊斯公司等。到現在，這些公司都具有一段輝煌的歷史，並在美國汽車工業中佔據其特殊的地位。這些公司建立它們的優越地位是在汽車工業剛萌芽的時候。一旦它們佔據了技術的「要塞」，就不肯再退出了。

杜拉克將這種擁有特殊技術的情況稱為「技術要塞」。這個「技術要塞」的空間要比「關卡」寬廣許多。能佔據這個位置，完全是因為這些公司在很早的時候就開發出先進技術。例如：AO 史密斯公司在第一次世界大戰期間就發明了類似今日的自動化生產設備，專門生產車子的外殼。博斯公司所生產的電氣系統是專給馬歐迪車使用的。它的技術在 1911 年就已十分先進，它所生產的電氣系統在二次大戰後甚至全部被裝配在高級轎車上。這些公司的優異技術水準使得它們在自己的專業範圍內遙遙領先，沒有人敢跟它們競爭。最後，它們的產品就象徵著「標準」。

「特殊技術要塞」並不僅限於生產領域。杜拉克還提到幾家私營貿易企業也建立了一個類似工業界的「技術要塞」。這些商業機構所從事的生意非常特殊，即「以貨換貨」。其過程是這樣的：從較農業化的國家，如保加利亞、巴西等，進口煙草、灌溉用馬達等，和發達國家中的廠商交換火車頭、機械及藥品。另一個專做旅行指南書的德國人布得克也在這個獨特的「技術要塞」裏做得很成功。

以上事例充分說明，時間是「技術要塞」的關鍵。佔據「技術要塞」必須在一個產業起步時就馬上動作。卡洛・布得克在 1828 年首次發行他的旅行指南書。那時，萊茵河的輪船事業剛開始為中產階級提供觀光旅遊路線。所以，布得克獨佔了他的旅行指南事業。第一次世界大戰德國戰敗之後，他的書就賣不到西歐國家了。「以貨換貨」的維也納商家是在 1960 年開始從事這種貿易的，當時這種貿易還非常稀少。

「技術要塞」戰略想要取得成功，需要把握以下諸原則：

第一：為了佔據「技術要塞」，我們必須具備新產品、新方法或新技術。

在布得克之前，也有其它旅行手冊的發行，但它們介紹的內容範圍太狹小，只限於文化方面，如教堂、風景等。而實用的細節部分，如旅館等級、旅館方位（位置圖）、馬車價錢的價目表、各城市村莊間的距離、小費應給多少等，都沒有介紹。這就是布得克的時機。之後，他開始搜集旅客所需要的各種資料，並整理了一份如何到達某地及如何搭火車的目錄。這一套公式還被很多出版商使用。

布得克整理了一本標準的旅行指南，鞏固了他的「技術要塞」。而且，也沒有人跟他爭奪市場。因為，重複一份內容差不多的手冊不會帶來許多利潤。

也就是說，在一種新產業或新企業發展過程的早期階段，「技術要塞」會產生大好的機遇。

「技術要塞」很少靠運氣，它的獲得主要都是靠系統化的觀察。我們必須系統地觀測各種行業中的不同機會，然後再下結論。在每一個個案裏，企業家孜孜不倦地尋找可以發展特殊技術的地方，而這種技術又可以給予這一企業一個絕對優越的地位。例如：羅伯特先生就花了好幾年時間，仔細觀察當時剛興起的汽車工業，並盤算在哪個地方可以找到「技術要塞」的存在。然後，他的公司可以在那個範圍成為領導者。

布得克在還未從事出版旅遊手冊之前，也做過許多關於旅遊方面的工作。而他的導遊手冊後來使他的名字成為所有導遊手冊的象徵，聞名全球。

杜拉克提出了實施「技術要塞」戰術應注意的地方。首先要注意的是：在一個新開發的市場，一項新的工業或一種新潮流發展的早期，我們總會有機會系統性地去尋找發展特殊技術的機會。而在我們找到這種機會之後，我們通常仍有一段時間發展我們的特殊技術。

第二：「技術要塞」的鞏固完全取決於這種技術有沒有超過原水準，是不是獨創性，和其它企業的水平是否完全不同。

沒有技術，一切就都免談了。這也是「技術要塞」與其它種類的「關卡」或「要塞」最大的不同之處。譬如：美國早期汽車工業的先驅幾乎都是機械技工。惟有機械技工才可能實際地接近汽車工業，從中學習各項有關汽車的保養及維修。他們知道很多關於機器方面的知識，但他們不懂電氣。電氣需要專門的理論為基礎。這些技工既缺乏這種理論，也不知道如何去獲得。所以，電氣在汽車工業裏成為一個「技術要塞」。在中歐及南歐盛行的「以貨換貨」既不屬於正式的商業貿易，也不屬於財政金融系統中的資金往來。它是一種非常特殊的交易方式。所以，它有它自己的「技術要塞」。

由上述的案例可以看出，「技術要塞」很不容易受到威脅，更不容易攻破。「技術要塞」企業所服務的顧客沒有足夠的經驗及技術從事他們所不熟悉的工作。

第三點：一家佔領「技術要塞」的企業必須不斷進行創新與改革。如果不這樣做，您的碉堡很可能會被攻破。

這是一個冷酷的世界，「技術要塞」裏的工業必須持續地保持技術領先，不斷地淘汰現有產品，使它更新，並不斷地創新，這樣才可能繼續鞏固它的要塞地位，也才有它的生存價值。否則，別家廠商就會把這個企業淘汰掉。例如戴爾柯及博斯公司這兩家汽車電氣及車體製造商，它們必須不斷進步，否則就會被淘汰。戴爾柯公司及博斯公司所出品的照明系統在當時獨步全球。它們的照明系統在其它的汽車業界看起來，似乎已超過當時科技的限制。它們當年出產的照明系統是當時各家汽車公司的生產設備無法裝配的，因為它的科技水平太高了。

「技術要塞」雖具有它絕對優勢，但也有弱點與局限：

首先，是它容易導致企業眼光狹窄。為了保持絕對優勢的領導地位，這些「企業要塞」裏的人必須目不斜視，專心從事他們的專門技術，精益求精。例如：汽車電氣與飛機電氣在初期並無太大的差異。但汽車電氣業的領袖戴爾柯公司及博斯公司在飛機電氣方面毫無作為，也不敢去嘗試。它們必須專心致力於本行。

第二，是它必須依賴第三者將其產品推向市場。也就是說，它的產品必須經由其他人，而非直接投放市場。這是因為它的產品只是整個生產過程中的一個環節，而單獨的環節顯然起不了什麼作用。例如：汽車電氣只是汽車工業生產過程的一個步驟，沒有人只購買汽車電氣這一部分，一般消費者一定購買整部汽車。「技術要塞」裏的工業只是整個生產過程的要素。例如：汽車電氣業的優勢在於大眾不知道它們的存在，所以沒有人會想到去和它們競爭。但這同時也是它們的弱點。因為，既然人們不知道它們的存在，它們就無法打開知名度，賺取更多的利潤。這樣一來，它們依賴相關產業的程度也會更強。

譬如說，如果英國汽車公司倒閉了，洛克電氣公司也一定會跟著完蛋，因為它是依賴前者而生存的。AO 史密斯車體公司的生意一直非常興隆，製造了無數個車體，直到能源危機發生。能源危機那段時間，美國的許多汽車製造廠由於所生產的汽車耗油量太大而倒閉，於是 AO 史密斯車體公司也跟著陷入財政危機。此後，美國汽車界轉向不使用傳統車體的新車型。這些新車型比較貴，但耗油量減少了許多。因為去除了傳統的「骨架」，新車子的重量減輕了許多。對此，AO 史密斯公司也無法阻擋。

「技術要塞」戰略最大的危機是：它不再是特殊技術、已經落伍，或變得非常普遍，幾乎任何廠商都掌握了它。

現在維也納市各企業所佔領的「技術要塞」在 20 世紀二三十年代都是由瑞士人經營的外國公司所控制。當時的各國銀行在第一次大戰以前都已發展到成熟期。它們認為貨幣應當穩定，發揮調節物價的作用。所以，當貨幣開始變得不穩定，失去功能，金融市場秩序變得很紊亂，它們寧願讓瑞士人去搞銀行家所認為的骯髒交易——「以貨易貨」，而不願涉入其中。瑞士商行的技術地位在於它們能夠很策略地交換各國的商品，比如用農產品交換工業產品。一小部分瑞士貿易商佔據了利潤非常高的「技術要塞」，猛賺其錢。

第二次世界大戰之後，世界貿易急速膨脹，各國都急於和其它國家交換物資，「國際貿易」也就變成一種很普通的行業。到目前為止，每一家銀行幾乎都有自己的國際貿易業務。這些銀行利用雄厚的資本，壟斷了國際貿易市場。為此，這種「技術要塞」自然也就不存在了。

和其它所有的「企業要塞」一樣，這些「技術要塞」都有它的局限。一個是範圍大小的限制，另一個是時間長短的限制。在上述各項限制裏，「技術要塞」無論如何還是擁有相當優越的地位，值得有心人考慮。尤其在科技進步飛快，商業變化莫測，市場動向難以捉摸的今天，「技術要塞」雖有它的弱點與局限，仍然是一個最棒、最安全的商業策略。

1920 年左右的汽車工業公司到今天已所剩無幾，但很多汽車電氣公司依然財運亨通。這應歸功於「技術要塞」的作用。一旦一家企業佔領了「技術要塞」，它就會發揮威力無比的保護作用，阻擋外來者的競爭及挑戰。以汽車工業為例，沒有任何消費者會知道他買的車子的電氣設備是哪一家公司生產的，而且根本不在乎。不可能有汽車顧客在選車時是以電氣為首要的考慮條件。這時，「技術要塞」就發揮了它的作用。在新科技、新工業及新市場的洪流裏，我們如果擁有一項特殊的專利技術，就可以採取「技術要塞」這一策略。沒有任何一個客戶使用英特公司的 CPU（中央處理器）直接處理文稿，但這些人使用的電腦裏大部分都在用英特公司的 CPU。

要塞戰術之三：建立特殊的市場

杜拉克將特殊的市場稱為「市場要塞」。他認為，「技術要塞」與「市場要塞」之間最大的區別在於前者立足於一項特殊技術及產品，後者則立足於對市場專門知識的瞭解。除了這一區別之外，在其它方面都非常相似。

在英國和丹麥，各有一家中型企業供給一種自動烹飪的烤爐。這種烤爐主要是用來烘烤餅乾之類的食物。這兩家中型企業所佔據的地位就是「市場要塞」。另外，歐洲的托馬斯．庫克公司及美國的美國運通公司許多年來在旅行支票這一領域都擁有壟斷權。這兩家公司的前身都是美國早期的旅行社，後來它們都發展成了大企業。

據說，製造烤爐並不需要什麼特殊技術，也不是很困難。世界上有許多機械公司可以製造同樣的烤爐，甚至可能更好。那麼，這兩家公司有什麼與眾不同的地方呢？主要是，它們瞭解市場，認識每一家餅乾店、麵包店。而每一家餅乾店、麵包店也都認識它們。這個市場並不十分廣闊，它們的產品仍然能夠滿足這些客戶，因此不可能有外來者嘗試和它們競爭。

特殊市場的發現完全繫於自己的觀察能力。我們必須注意市場的新動向及發展。同時，要問自己：這個市場的新發展能夠提供我們什麼樣的「市場要塞」？我們應當採取什麼行動才能搶先佔領這個要塞？旅行支票並不是一種新發明，它只不過是一種信用證罷了，在商業界已經有了幾百年的歷史。美國運通公司及庫克公司在旅行支票上的創新則是：先將旅行支票發行給自己的客戶使用，然後再推廣到大眾。支票的格式及標準都一模一樣，而且可以在世界各國的分支機構換成現金。這種服務方式不但便利了不喜歡攜帶大量現金的客戶，對於沒有銀行賬戶的客戶也非常方便。他們只需要攜帶一本類似信用證的本子就可以走遍天下，而不用擔心旅費及開銷的問題。

這當中並沒有任何新奇的發明。比如說，幾百年前就發明了烤爐。今天的烤爐雖然比較先進，比較現代化，但製造它並不需要任何高超的技術，也不需要新奇的材料。前述兩家公司——一家在英國北部，一家在丹麥——所做的僅僅是將烤爐的市場從一般家庭轉到專門的麵包店。它們的成功並非基於技術的改進，而是繫於詳細的市場調查。

「市場要塞」與「技術要塞」的基本要求幾乎完全一樣。例如：對新趨勢、新市場及新工業進行系統分析，並提供特殊的服務和合宜的產品。比如將昔日的信用證改變成今天的旅行支票。

當然，「市場要塞」也有類似於「技術要塞」的局限。它的最大風險就是「成功」。當這個特殊市場變成大眾市場時，它的地位也就隨著這種趨勢的改變而消失了。例如，法國一家香水店——蔻蒂，創建了現代的香水工業。它知道第一次世界大戰已改變了人們對化妝品的態度。在大戰之前，只有時髦女性才會使用化妝品。但在戰後，香水及化妝品已被一般女性及整個社會所接受。它不再是時髦女性的專用品，而成了禮儀的象徵。1920 年，蔻蒂公司已在大西洋兩岸建立了獨特的地位，幾乎壟斷了這兩個市場。在 1929 年以前，化妝品市場一直是一個「市場要塞」，它的客戶主要都是中上層人士。但在經濟大蕭條時期，化妝品由中上層客戶推廣到大眾，成為普通商品，化妝品市場也由「市場要塞」變成真正的大眾市場。它分成了兩個階層的市場。一個是專售高級化妝品，價格較高，提供售後服務的連鎖店。另一個銷售普通化妝品，價位一般。這種化妝品幾乎在每一個地方都有，如超市、雜貨店及西藥房等。在短短幾年內，蔻蒂公司所控制的高級品香水市場已經不再存在。它的「市場要塞」已和廣大的市場融為一體，已不存在它的「市場要塞」之內了。結果就是：今不如昔。

創造新客戶：
最直接的市場競爭手段

面對市場競爭，可通過開發新的產品、提供新的服務、開拓新的領域等手段。但這些都不如創造新的客戶源來得更直接。「創造客戶」正是所有商業手段的最終目的，也是所有經濟活動的最終目的。儘管這些商業目的是相同的，它們卻有不同的方法。

為此，杜拉克列出了四種創造新客戶的手段。

創造符合客戶「胃口」的新「實用性」

如果你對一位英國的普通小學生說：「是羅萊德．希爾在 1836 年發明了郵政事業。」他一定認為這是無稽之談。因為，在 1836 年以前，郵政事業早就存在，這已經是一種常識。

但是，希爾的確創造了我們今天郵政事業。當時，郵差是向收信者收取費用，費用的標準則根據路的遠近及信件的重要性而定。這種制度使得信件的速度不但慢，且費用昂貴。假如你要寄信，你就必須先到地方上的郵局去秤一秤信的重量，然後郵局才能決定到底要收多少錢。於是，希爾就建議統一郵資。在英國，不管路程遠近，發寄信件的費用一律統一。而且，必須先付錢。也就是由寄信人付錢，而非收信人。最重要的一點是：寄信的費用是以一種「印花」的方式代替。它就是現代郵票的前身。這種印花也不是新發明，它曾廣泛使用在各種課稅上。

一夜之間，英國的郵政由煩瑣而複雜變得非常簡單而方便。今天我們都知道，如果要寄信，只需要在信封上貼郵票，往郵筒一放就可以了。幾乎是同一時間，郵資也變得非常便宜。本來需要付一先令的信，現在只需要一分錢就夠了。而當時的手藝人一天也只不過賺一先令。寄信的數量也不再限於某一個範圍。由於郵資降低，信件數量自然大增。就這樣，現代「郵政」誕生了。

這就是說，希爾並沒有新的發明，但他創造了新的「實用性」。剛開始，他一直問自己：「需要為顧客進行什麼樣的改革，才能使郵政事業成為真正的服務事業？」

杜拉克認為，在所有的商業策略及改革方法中，這總是第一個我們必須問的問題。這樣我們才能夠創造實用性，滿足顧客的價值觀，並改變經濟活動的本質。事實上，降低了80%以上的郵資費用並不是最重要的事。最主要的改革目的在於使每一個人都能享用郵政服務。從此，信件不再僅限於書信與作品。連裁縫師也可以郵寄賬單。由於信件的數量大增，寄信費用一再下降，以至於後來人們覺得寄信好像不花錢似的。

但是，價格在「創造實用性」這個策略裏面並不是一個很重要的因素。它的主要目的是滿足顧客的需求，重心在於使客戶能夠達到自己的目的。這一策略之所以能夠成功，主要在於推行者問清了一個問題：什麼才是真正的服務？對顧客來講，什麼樣的服務才具有「實用性」？

上面的例子裏並沒有任何科技因素，也沒有任何值得申請專利權的發明。我們所需要的只是正確的市場焦點，即針對客戶之需要的市場焦點。

「創造實用性」可以使顧客用自己最喜愛的方式滿足自己的欲望及需求。例如：如果寄信還是像以前那麼煩瑣不堪，裁縫師就不可能利用郵政系統寄賬單給他的客戶。他必須把信帶到郵局，排隊三個小時，直到郵局的職員秤出信的重量，這封信才可能被寄出去。而這封信的郵資又是由收信人付，說不定郵資的錢和顧客那套衣服的價錢差不多，那麼世界上大概不會有那麼傻的顧客會去付這筆錢，而且也不會有這麼耐心的裁縫會到郵局排隊三個小時，只為了寄一封信。

羅萊德・希爾並未在當時的郵政事業上增加任何新奇的東西。改革後的郵政事業仍然由同樣的一批馬車及郵差在送信。但是，改革後的郵政系統是一個真正的郵政系統，因為它能夠滿足客戶的需求。

創新付款方式，使其充滿誘惑力

杜拉克曾提到刮鬍刀片的例子。許多年來，美國境內人民最熟悉的一張臉是吉利國王。吉利國王雄壯威武的面孔是美國吉利刮鬍刀片公司的商標。吉利刮鬍刀片行銷全球，幾乎只要有人的地方，就有它的蹤跡。

19 世紀後半期，有五、六個人不約而同地製造了安全刮鬍刀片，也都得到了專利權。在 1860 年以前，只有很少數的人，像貴族、商人及高級職業人士，才有時間與金錢修整他們的臉，而且他們可以請一個理髮師替他們刮鬍子。後來，突然之間，歐洲商業復興，許多人，諸如普通商人、書店老闆、職員，都想使自己看起來高貴一點。但當時的剃刀又笨重、又危險，他們不願使用，而他們又沒有足夠的錢去請一個理髮師替他們整修臉部。就算有錢，上一次理髮店也必須花很長的時間排隊。當時，許多發明家發明了「自己來」的刮鬍刀片。然而，很奇怪，他們無法賣出這些新發明。因為，到理髮師那裏刮一次鬍子只不過花十分錢，一把最便宜的安全刮鬍刀卻需要 5 塊錢。當時的 1 塊錢是一個工人一天的工資。

吉利安全刮鬍刀並沒有任何比其它品牌高明的地方，而且其成本比其它品牌都要高。但吉利公司並不是「賣」它的產品，而是「送」它的產品。吉利把每把刮鬍刀的價格定在 55 分錢，這還不到它製造成本的五分之一。但吉利將整個刀座設計成一種特殊的形式。只有它的刮鬍刀片才能適合這種特殊的刀座。每一枚刀片的製造成本只需 1 分錢，而他賣 5 分錢。上一次理髮店刮鬍子是 10 分錢，而一個 5 分錢的刀片大概可以用 6 次。也就是說，用自己的刮鬍刀片刮一次還不到 1 分錢，只相當於付給理髮師費用的十分之一。

吉利公司是以顧客的心理，而不是以製造成本加利潤定刮鬍刀座的價格。結果，顧客付給吉利的錢可能要比他們買其它公司製造的刮鬍刀更多。因為其它公司的刀片一枚只賣 1 分錢，而吉利的產品卻賣 5 分錢。顧客當然也知道這一點。顧客總比廣告商及我們想像的聰明。但吉利公司的「降價」

出售刀座使他們感到愉快，他們覺得他們是花錢買一個刮鬍刀座，而不是一件昂貴又不合理的東西。與上理髮店刮鬍子相比，吉利出產的刮鬍刀座及刀片更便宜；與傳統式的剃刀相比，吉利的刀片及刀座安全舒適得多。所以，不管從哪一個角度看，吉利公司的產品總是比較合算。自然，吉利商標就聞名全球了。

大多數供應商，包括公共服務機構，從未想過「價格創新」這一戰略。「價格創新」可以使消費者購買到其心目中的產品價值，而非供應商自己所決定的價格。吉利的鬍刀座和刀片就是如此。

但杜拉克提醒我們注意：顧客最終所付出的錢幾乎都是相同的，甚至，「價格創新」使顧客付得更多一些。只是付款的方式不同。「價格創新」是根據顧客的需要及價值銷售產品，而不是根據生產者自己的決定與利益。「價格創新」是根據顧客的實際利益制定的。簡而言之，它代表了對顧客原有價值觀的改變，而非廠商成本價格的改變。

依客戶的處境，改變銷售的方法

美國通用電氣公司在蒸汽渦輪機方面具有領導地位，這主要得益於：它根據客戶的處境，靈活地調整銷售方法。蒸汽渦輪與一般的活塞引擎不同，它是利用水力產生動力。蒸汽渦輪比較複雜，需要更高的引擎技術，以及更高的建造與安裝技巧。這不是一般電力公司所能夠做到的。一般電力公司大約每 5 到 10 年左右，在興建一個新的電力發電廠時才買一次蒸汽渦輪，但所有的技術需要不間斷地保存下來，以供建廠時使用。因此，製造蒸汽渦輪的廠商不得不建立一個技術諮詢機構，以供一般電力公司做技術查詢。

這樣，電力公司就必須向廠商支付諮詢費，儘管這項支出非常昂貴。但是，根據美國法律，這項開支必須徵得公共事業委員會的同意，而委員會的意見是這些電力公司應該獨力完成這項工作，不須再花什麼諮詢費向大廠商請教。通用電氣公司也無法把諮詢費加在蒸汽渦輪的價格中，因為委員會也不同意這麼做。而這些電力公司沒有詳細的指導又無法興建電力發電廠。

一個蒸汽渦輪的使用壽命很長，但它的刀葉必須時常更換。更換時間大概是 5 到 7 年。而且，這些更新的刀葉必須來自原廠，因為每一家渦輪廠商的產品形式都不一樣。於是，通用電氣公司建立了一個世界第一流的電氣設備諮詢機構，尤其在水力發電這一方面更堪稱當時的權威。儘管通用電氣建立了一個如此龐大的諮詢機構，但它並不稱這個機構為詢問處。因為它是免費的，只是賣渦輪時的一項附贈品。這樣就不致違反美國的法律。

通用電氣的蒸汽渦輪和其它廠商的價格差不多。它將諮詢費用加在更換刀葉的價格中收取。也就是說，刀葉的價格包含了當初安置渦輪時的諮詢費用。在 10 年內，美國所有的蒸汽渦輪大廠商都轉向這種價格體系，模仿通用的做法，將諮詢費放在更換刀葉時索取。但這 10 年中，通用電氣已獲得世界大部分的市場份額。

生產廠商經常犯一個毛病：把一些顧客視為「不懂道理」，就像心理學家和倫理學家經常把正常人誤判為「不懂邏輯」一樣。事實上，世界上根本沒有「不懂道理的顧客」。「世界上只有懶惰的生產者，沒有愚蠢的消費者。」

我們必須假定每一位顧客都很明理、很精明，儘管他們的經濟利益觀或許與生產廠商的觀點不大相同。例如：對美國的渦輪電氣業者來講，美國政府的公共事業委員會拒絕撥付諮詢費是一件不可理喻、無法想像的事；另一方面，由於電力公司必須受其法規的管制，諮詢費的欠缺對它們就成為一項冷酷的「事實」。

因此，這項策略的要訣在於將這些冷酷的現實轉化為銷售產品的部分要素。也就是說，我們不能以生產者的立場衡量事情，而必須站在消費者的立場考慮整體情況。不管消費者買的是什麼，或以什麼方式購買，我們都必須以消費者所處的現實環境為基礎，否則就無法得到市場的認可。

滿足顧客的價值感，讓他覺得值

杜拉克所談到的最後一個創造新客戶的方法，重點在於強調顧客的價值感，而不在於廠商對自己的產品怎麼看。

在美國中西部，有一家中型企業，專門供應推土機及挖土機用的潤滑油，並占了整個潤滑油市場的一半。這些推土機及挖土機大部分用來修高速公路。除此之外，這些潤滑油也提供給其他類型的客戶使用，例如：用來搬運礦坑設備的機器、搬運煤炭的大卡車及礦坑裏的小火車系統。

這家公司當時與其它許多石油化工公司進行競爭，這些公司又都擁有許多化工人才，它們可以在短時間內召集各種類型的專家。在這種情況下，這家公司提出，它並不賣「潤滑油」，而是賣「潤滑油供應契約」。

因為，對客戶來講，潤滑油只是一種手段，他們主要的目的在於維持機器的正常運轉，譬如說，維持推土機及挖土機正常的操作等。如果在一小時內它們的機械停止運轉幾分鐘，工程的進度慢了一點，這些運作大機械的廠商都會遭到極大的損失。一年下來，這些因機器故障而導致的損失必將非常驚人，絕對不是潤滑油的價錢所能夠相比。他們之所以能夠承包工程，完全在於他們是否能夠按照規定的時間完成工程。在這種情況下，他們必須謹慎地計算施工進度，加緊工程的速度。

為此，他們的機械不能出現故障。故障就意味著工程進度的減慢，而工程進度減慢就會影響到完工的期限；無法按時完工，就會使下一次的投標難以成功。下次如果失標，這家公司可能就要倒閉了。這家潤滑油公司所提供的只是替承包商分析維持機械正常運轉需要哪些產品和技術。然後，它提供承包商一個為期一年的保養計畫，保證他們的機械除了一年幾次或一年中有幾個小時，由於自然原因，如零件磨損而停止運轉外，不會因為潤滑問題而停止操作。在這個計畫之下，這些承包商當然採用這家公司生產的潤滑油。但實際上，這些承包商買的並不只是潤滑油，它們還買了一個工程計畫的保險。而這項保險對這些承包商來說，著實具有無比重要的價值。

美國的家具商荷門．米勒當年從製造「艾姆士椅」轉而生產成套的系列家具產品，獲得巨大的成功，並建立專門機構，指導顧客如何購買家具，使之不僅買到合適的家具，而且買到有價值的購置知識。這使顧客大感值得。米勒也是運用了前述的方法。

這些例子看起來似乎很明顯，只要有點頭腦的人都會想到同樣或類似的主意。系統經濟學之父大衛．李嘉圖曾說：「利潤的獲得不是經由不同的聰明才智，而是經由不同之愚蠢的結果。」

也就是說，這個策略之所以能得逞，主要是因為其他供應廠商及銷售商的疏忽，他們沒有想到這些問題，而並非這個方法本身智慧高超。另外，也可能是這個方法太顯而易見了，所以沒有人注意到。但是，為何實行的人那麼少呢？

杜拉克分析道，第一個原因是關於經濟學中「價值」的定義。每一本經濟學書都指出，顧客所要買的不是產品本身，而是產品所帶來的價值及對他本人的貢獻。然後，每一種經濟學理論很快拋開其它方面，將注意力集中在產品價格上。於是，價格就被定義為顧客取得某件東西所必須付出的代價。這一產品到底為顧客做了些什麼貢獻，從未曾在書上提過。遺憾的是，許多產品及服務的供應商都接受了這種經濟學上的錯誤觀點。

管理者應該自問：「顧客所付的價錢應當如何同時滿足他自己的期望及生產者的期望？」

顧客之所以會付錢，主要在於物品的價值。他們可能認為某項物品對他們來說，特別具有價值感。

價格本身並非一種目的，它也不能代表價值。因為有了這樣的覺悟，吉利公司才能在刮鬍刀市場稱霸 40 年之久。通用電氣公司也是如此，它之所以能夠在蒸汽渦輪界獲得長時期的領導地位，主要也是由於經過長期觀察顧客的心態。在每一個個案中，凡是使用這一策略的公司都獲得了鉅額利潤，但也都經過了一番奮鬥。它們之所以會賺那麼多錢，主要就在於它們滿足了顧客的價值觀。換句話說，它們讓顧客覺得自己的錢花得很值。

很多讀者或許認為這些都是市場學的基本知識。事實上的確如此。但杜拉克一直想不通，為何經過那麼多年的市場學課程，有那麼多人在講市場學，卻沒有幾個廠商真正在做。他說，只有一點我們可以肯定：

任何人只要忠實地信守市場學理論，實際將這些理論用到現實生活，他一定可以成功地成為某一市場的領導者，並且不需要冒很大的風險。

| 第七章 |

怎樣創造機遇、把握機遇？

對於管理者來說，把握機遇有兩層含義：一層是培養敏銳的洞察力，當機遇出現時，可以迅速抓住。另一層是積極主動地去創造機會。後者相對於前者來講，更有意義。

杜拉克首次將創造新的商機作為企業需要加以組織化和系統化的實務，也視之為管理人的工作與責任。他提出了七個創新機會的來源，作為系統化創新和創業型管理的重心。

新的商機存在於意外事件中

意外事件往往被人所忽視。但是，「偶然中蘊含必然」，「意外」的背後可能正是市場發展之變化的趨勢所在，只有慧眼獨具的人才能抓住其中的商機。

意外事件可以成為企業創新的一項機會來源。杜拉克將它細分為三種情況：意外的成功、意外的失敗、意外的外在事件。

善於捕捉意外的成功，順勢推進

杜拉克認為，企業意外的成功比其它各種來源能夠帶來更多成功創新的機會。而且，利用它進行創新時風險最小，探索的過程也最省事。然而，企業領導者幾乎總是忽視這種意外成功的機會，並且努力排斥它們。

杜拉克指出，在管理人已形成思維定勢的情況下，要他們接受意外的成功非常困難。這需要管理人具有堅定的決心、具體的對策、面對現實的意願以及承認自身之錯誤的勇氣。

他認為，管理人不願接受意外的成功，原因之一是人們容易把持續時間很長的事物視為「正常的」、「不變的」；而任何與他們所認為的所謂自然法則相抵觸的事物，都被他們視為不合理的和不正常的。

除了由於管理人太主觀，導致他們對意外的成功缺少靈敏的判斷力之外，杜拉克還分析了另一種情況：很多時候，意外的成功根本沒有被發現。沒有人注意到它，因此也沒有人運用它，結果競爭對手輕易地獲取它並得到報酬。

例如，一家醫院設備供應公司提供的一批新的生物和臨床測試儀器，性能十分不錯。於是，工業和大學實驗室都要訂貨。但它們並不是這家公司的老客戶，它們的老客戶主要集中在醫院。這種情況沒有人向上反映，沒有人注意到，也沒有人有所覺悟。公司沒有派銷售人員去招攬這些新客戶，也沒有設立服務組織。5 ～ 8 年後，另一家公司佔據了這些新市場。而且，由於這些市場可開發巨大的業務量，新公司得以迅速成長，並很快以低價和更優質的服務攻進醫院市場，排擠了最初的市場領先者。

對意外的成功一無所知，原因之一是現有的報告體系一般不會對之進行報告，更不用說試圖引起管理的人注意了。

杜拉克更進一步指出，要利用意外的成功提供新商機，就必須進行分析。意外的成功僅是一個徵兆。是什麼徵兆？往往需要突破我們自己的構想、知識和洞察力的局限去分析。需要對一些意外成功背後的深刻因素進行分析，看它是一種偶然事件，還是必然的大趨勢。

意外的成功發生時，給你提供了一次新的機會，你必須順勢而為，去推進這種趨勢的發展。否則，別的競爭對手就可能利用新的機會擊敗你。

積極發掘，而不是消極地坐等意外的成功

一個成功的企業家不能「守株待兔」，消極坐等意外的成功出現，而應該組織調查工作去發掘它。為此，杜拉克設計了積極發掘意外成功的三個基本步驟：

第一步，是確定意外的成功能夠引起注意。它必須準確地體現在管理人可獲得並研究的資訊中。為此，企業家應當建立一套有效的情報系統。

第二步，管理人應該帶著問題看待每一次意外的成功：開發它的結果可能如何？怎樣著手才能使它轉化成機會？

這就要求：首先，管理人需要抽出特別的時間討論意外的成功；其次，應當指定專人分析，考慮怎樣利用它。

第三步，管理人還需要瞭解意外的成功所應具備的條件，並投入相應的力量，才能促成它；如果給予的條件不夠，就可能適得其反，招致失敗。

杜拉克舉了一個具體的案例：

美國的東海岸有一所重點大學曾為具有高中學歷的成年人開設「成人教育」夜間課程，原因是有部分從二戰歸來的退伍軍人因必須取得大學文憑才能就業，所以吵著要求給他們一個機會以獲得文憑。校內的教職員都不相信這個課程會成功。

出人意料的是，這個課程非常成功，有許多夠資格的學生前來報名，而且他們比普通大學生的表現更為出色。

這種狀況反而造成了一種窘境。假若要利用這個意外的成功，校方就應該配備齊全的一流教職人員；但這樣做又會削弱主要課程，至少會分散校方在它的主要任務上的注意力和精力。另一個方案是關閉這個新課程。校方權衡之下，決

定運用低薪、臨時人力，大部分是正在攻讀更高學位的助教來充當這個課程的教員。這種湊合了事的決策造成了惡果，後來整個課程以失敗告終。更糟的是，它還嚴重損傷了學校的聲譽。

杜拉克忠告管理人，意外的成功是一個機會，但它也有它的要求。它要求人們謹慎地對待它，要求配備最優秀、最有能力的人員，而不是一群濫竽充數的人。它要求管理人給予它與機會的大小相般配的關注和支持。

謹慎對待意外的失敗

杜拉克認為，有一種失敗是因各種失誤所造成，例如貪婪、愚蠢、盲目追求，或決策和執行不精心。另一種失敗，即經過精心設計、規劃及小心執行後依然失敗，它通常反映了情勢的變化，以及隨變化而來的機會。第一種失敗沒有機會之可言。第二種失敗則大有看頭。

後一種意想不到的失敗也許是因為提供產品或服務、進行設計或制定營銷戰略所根據的設想不再符合現實；也許是因為客戶改變了價值觀和認知；也許是因為以前的一個市場對象或一種產品由惟一用途變成了兩個或更多的用途，每一個所要求的東西又都有了不同……等等。這些變化都蘊含新的商機。

杜拉克講了一個掛鎖的故事：高中畢業後，他開始了工作生涯。當時他在一家老字號的出口公司當實習生。這家公司一直向印度大量出口便宜的掛鎖。但到 20 年代，掛鎖的銷售量以驚人的速度下降。老闆於是重新設計，使它的質量大為提高。但改進後的掛鎖仍然銷售不出去。四年後，這家公司被收購了。掛鎖生意在印度市場的失利正是造成它衰落的主要原因。

那麼，這場意外的失敗隱藏的變化是什麼？原來，住居鄉村的印度人在門上設置的掛鎖並不太需要鑰匙，只要有鎖合在門上，成為一種神祕的象徵，小偷就不敢去碰它。因此，鑰匙常因沒有帶好而丟失。為此，人們希望有一種不用鑰匙，用手即能直接打開的簡易式掛鎖。另一方面，城市中迅速增加的中產階級卻需要真正的好鎖。而老式鎖不牢固，新改進的鎖還是不適用。這樣，這家公司的產品同時失去了兩種客戶。

與此同時，這家公司的一個小競爭對手乘虛而入。它把掛鎖分成兩種不同的產品：一種沒有鎖頭和鑰匙，只有一個簡單的拉栓；另一種非常堅固，需同時使用三把鑰匙才能打開。這兩種產品立刻迎合了印度兩種顧客的不同需求，開始暢銷。

杜拉克指出，處理這種意外的失敗，第一步很簡單，就是要走出去親自瞭解原因，不能坐在屋裏想當然耳。他說，一旦面對意外的失敗，管理人，尤其是大型組織中的管理人往往會坐下來做更多研究和分析。這種反應是錯誤的。意外的失敗要求你走出去，用眼睛看，用心聽。要有意識地把失敗當作新機遇的源泉，慎重地對待它。

做有心人，有意地尋找意外事件

杜拉克要求企業家善於四處打聽，留心注意別人成功或失敗的意外事件，並從中尋找新機會。他以麥當勞為例，說明它成立的原因正是公司的創建人克洛克注意到他的一個客戶的意外成功。當時克洛克在向漢堡連鎖店推銷牛奶攪拌器。有個漢堡小攤販購買了比其他攤販正常需要多好幾倍的攪拌器。他分析後得出：只有系統化才能重振速食業。於是他購買了這位業者的全套設備，而後把它發展成數十億美元的麥當勞。

杜拉克分析了對待意外成功事件所需要的正確思考方法，即要把感性的調查和理性的分析相結合，不能只憑直覺或經驗，也不能空憑邏輯推理；還要敏銳地觀察到大多數人依然確信的情況與實際發生的新情況之間的不一致。這就要求人們採取這樣的態度：「我的知識還難以進行分析，但是我會去探索。我將走出象牙塔，到處觀察，詢問一些問題，並用心聽取意見。」這樣，意外事件就能使我們跳出原來的偏見、假設及確定之事，極有利於創新的產生。

留意「與己無關」的意外

杜拉克發現，一些看來好像「與己無關」的事，常常可以拓展本行的業務範圍，取得意想不到的成功。因此，它們和本業內的意外事件相比，也同等重要，甚至更重要。

他列舉了一些典型的意外事件，點出了它們如何成為成功的重大機會。

第一個案例：是有關 IBM 及個人電腦。

IBM 的許多管理人和工程師都曾判斷，未來的市場屬於集中的「主機型」電腦，記憶體會不斷增大，計算能力不斷增強。他們也預測到，可能會出現一些別種機器，它們無法相容，且運行能力有限。這些產品將無法具有市場優越性。於是，IBM 集中力量和資源維持它在主機市場的領先地位。

但是，到了 1975、76 年左右，家庭式個人電腦已呈需求旺盛的態勢。一方面是青少年玩起電腦；另一方面，他們的家長也需要自己的辦公或個人用電腦，即一種分開的單獨小機器。於是，這種機器和程式像雨後春筍般出現，短短 5 年內，從 1979 ～ 1984 年，美國的個人電腦市場所創的年交易總額達到了「主機」市場 30 年來的總和。

這是發生在 IBM 主業之外的意外事件，看起來似乎與 IBM 無多大關係，但 IBM 從 1977 年起就開始關注到它，並設立了攻關小組，開發個人電腦，與其它廠商競爭。1980 年，IBM 開發了自己的個人電腦，正好趕上這個市場蓬勃發展的時期。3 年後，IBM 成為世界占主導地位的個人電腦廠商，與它在主機領域的成就一樣輝煌。

第二個案例：談到百貨超市經營主業之外的圖書業。

在美國，歷來個人的購書習慣就不是很普遍。而在 50 年代初電視問世後，包括學生在內的很多美國人進一步把更多時間花在電視上。人們都以為，這樣一來，書更不好賣了。出乎意料的是，圖書銷量後來竟大幅增長。

出版商和書店竟然對自己主業內的這一意外事例毫無反應。反而是一些百貨商店零售商注意到這一本業之外的事件，並且違反書業常規，不在低租金地帶，而是在高租金大流量的購物中心地帶建立了連鎖書店。這些新式連鎖書店躋身於美國零售業最成功和發展最快的領域，而且成為美國發展最迅速的新興行業。

這裏，杜拉克指出了很特別的一點：想成功地運用意外的外在事件，有一個前提條件，就是必須適用自己本行業的知識和技巧。IBM 開發個人電腦，是依靠本行的技術；而建立連鎖書店的人也依靠他們經營百貨零售的經驗。相反，許多沒有零售經驗的公司，甚至大公司，進入新的書籍市場或大眾商品市場之後，都以失敗告終。

這就是說，成功者是利用意外的事件，把已掌握的專業知識應用到新事物上，但這個新事物並未改變原來所從事之行業的本質。與其說它是經營的多樣性，不如說是一種本業的延伸。然而，正像上述案例所反映的，它也需要產品、服務以及分銷渠道等方面的創新。

杜拉克提到的這些案例，還有第二個特點，即利用意外的外在事件。這更有利於規模較大的公司投入其中，因為大型公司掌握的資訊及技術、資金等力量都處於優勢。例如，美國的大型零售商掌握的銷售數字正反映了消費者將錢花在何處以及如何消費。大型零售商還對購物中心的位置以及如何得到一個好位置瞭解得一清二楚。再者，像 IBM 那樣的大公司才能挑選一流的設計人員和工程師，組成四個攻關小組開發新產品。這些是小型高科技公司無能為力的。

但是，杜拉克警告，這並不等於規模大、有實力的公司就一定抓得住意外事件的創新機會。它們需要的是，企業去尋求創新，並積極地進行組織，加強管理。

新的商機存在於出現「不協調」的情況中

杜拉克說，企業要創造新的商機，就必須特別關注「不協調」。他這裏講的「不協調」，是指事物的現實狀態與人們認為它「應該」的狀態之間呈現不相符合的情形。他指出，可能我們並不瞭解其中的原因。實際上，我們經常說不出是什麼原因。然而，不協調正是新機遇的一個源泉。不協調的情形是事情的質變而不是量變，是將要發生變化的一種重要之前兆。可是，經常接觸它的人常常是「當局者迷」，很容易把它當成理所當然、司空見慣的現象而忽視。

利用不協調的經濟現狀

如果某項產品或服務的需求穩定增長，那麼它的經濟效益也「應該」會穩步提高。也就是說，它應該有利可圖。為此，如果在這樣的一個產業中竟然得不到利潤，就說明經濟的現狀很可能出現了不協調。

例如，美國的大鋼鐵廠曾在戰爭時期大賺其錢。到了和平時期，一方面鋼鐵需求穩步上升，另一方面，大型鋼鐵廠的效益卻日趨下降。這就是一種經濟現狀的「不協調」。大型鋼廠生產技術的落後及其運轉、擴建等成本，都使它賣了產品卻賺不到多少錢。要改變這種產量與效益不協調的困境，辦法是：只要在鋼鐵生產程序上做出創新，就能大幅度降低成本。這正好是所謂「迷你工廠」所完成的事。建立「迷你工廠」能夠以十分經濟的方式，低幅度地增加產量，滿足現有的市場需要。它在原料、生產技術、產品單一化、自動化等諸多方面都掌握了優勢，使其成本不及傳統煉鋼程序的一半。

因此，杜拉克預言，到了 21 世紀初左右，美國所用的鋼鐵，50%以上也許來自這種工廠。大型集成鋼鐵廠將節節敗退。

另外，杜拉克又說，產量與效益的不協調，有時也並不是很容易解決，因為尋求創新的過程有時是很艱難的。比如發達國家的造紙業，儘管世界紙張需求一直增長，可是造紙業的傳統工藝一直不能突破，高成本遂使得紙廠經常處於虧損狀態。由於木質纖維是一種單體，如果能找出一種塑化劑，把它轉化成聚合體，便可使造紙從一種效率低下、浪費嚴重的機械工藝轉換成效率高的化學工藝。然而，儘管研究花費了大筆錢財，到現在還是沒有發現能夠使用這種方法造紙的技術。

因此，杜拉克冷靜地說，上述案例表示，遇到不協調的情況時，應該明確地定義新解決方案。它應該能夠在現有的、非常熟悉的技術上實現，所有的資源也必須容易獲取。如果仍需要很多研究和新知識，那麼它就不能為企業家所運用，也就是它還沒有「成熟」。再者，若想成功地利用經濟現狀的不協調，創新的方案應該簡單，不能複雜；應該明瞭，不能浮誇。

他要求管理者，不能只是弄清為什麼事情未按其「應該」的方式發展，主要重點在於弄明白：做什麼事，才能將這種不協調轉化為成功的機會？

「一般地看，上述不協調都是宏觀現象，發生在整個行業上。這時，那些小的新企業、新的程序或服務恰恰比較適於從中展開重大的創新。」而那些大規模的企業或商家卻正忙於應付這種不協調造成的各種麻煩，無暇顧及別人正在搞些什麼潛伏危險的競爭行動。創新者正好能在相當長的時間內不受任何干擾地奮進。一般來說，只有等到新的對手發展壯大，並入侵到原有企業的領域時才會引起注意。但到了那個時候，一切就太晚了。這時，創新者已經擁有自己的一片天地。

利用現狀與設想之間的不協調

當現狀出現問題時，如果一個行業做出了改變現狀的設想及措施，但這種主觀設想和行動的措施卻依然沒有改變現存的問題，即是現狀與行動之間產生了不協調。這時，只要有人能瞭解並利用這種不協調，它就能提供成功的機會。

50 年代初，海上貨運的成本快速上升；又因許多港口變得越來越擁擠，貨輪運送貨物的時間也越來越長。結果，隨著越來越多的貨物因船隻難以進港而堆積在一起，等待裝船，偷竊現象也日益嚴重起來。導致這種局面的根本原因是船運業多年以來一直朝著不可能有什麼結果的方向努力。它企圖設計並建造更快，更省油、省人力的貨船，專注於船隻在海上及港口之間運輸的經濟性。但是，這樣一來，一是造船的成本及船隻的閒置成本依然不低，二是船速再快，也改變不了進港裝卸貨物的擁擠，且只能造成更多船隻的擁擠，情況反而更糟。

要解決這種問題非常簡單：用集裝箱的辦法，把裝貨與裝船分開。先在陸地上裝貨，於船進港前預先完成。這樣，船進港之後，要做的工作就只剩下將事先裝好貨物的集裝箱裝卸。

這些簡單的創新導致驚人的結果。30 年中，貨運量增加了 5 倍，整體成本卻下降了 60%。大多數情況下，船隻在港口停留的時間縮短了四分之三，港口的擁擠現象，從而大大地改善了。

假設的狀況和實際狀況之間的不協調常常顯而易見。然而，當全神貫注地努力工作不僅沒能使情況好轉，反而更糟時，重新尋找，將重點放在產生收穫的領域，就能夠輕易且迅速地取得豐碩的回報。

杜拉克認為，解決這種不協調，並不一定需要「英雄式」的創新，解決方案依然可以是簡單、小規模化、有重點而且專業化。

利用設想客戶與實際客戶之間的不協調

杜拉克指出，必須好好地利用設想的客戶價值及期望與實際的客戶價值及期望之間的不協調所提供的新商機。

50 年代初期，日本松下公司還很小，東芝公司則已是這行業巨人。但巨人竟錯以為日本的農民等窮人買不起電視，因為他們承受不起這樣奢侈的消費品。其實，早在此之前，美國和歐洲的窮人就已經證實了電視機能夠達到人們對它的期望，而且這些期望與傳統的經濟沒有太大的聯繫。東芝的總裁沒有看到：對顧客、特別是窮顧客來說，電視機不僅僅是一件「貴重東西」，它可以用來接觸一個全新的世界，可以是改造生活方式的渠道。因此窮人也有購買的欲望。松下看到了這一點，於是他們到農民家裏，一個一個推銷電視機，並取得了成功。

杜拉克指出，造成這種不協調的原因中，往往潛伏著商業強人的傲慢、強硬及武斷。「瞭解日本窮人買得起什麼的是我，而不是他們。」這就是那位東芝總裁真正的想法。這種固執己見才使得不協調如此容易被創新者利用，而且無人打攪他們，讓他們能夠無憂無慮地埋頭苦幹，直到成功。

生產商和供應商在很多情況下總是誤解顧客真正需要的東西。他們武斷地認為自己的價值觀就是顧客的價值觀。但是，沒有顧客會認為他所需要的就是生產商或供應商所提供的價值，他們的期望和價值必然不一樣。對此，一般商家的反應是埋怨顧客「不理智」或「不懂行」。

杜拉克提醒創新者，如果聽到這種埋怨，那就有理由認為商家的價值和期望與顧客的實際價值和期望出現了不協調，然後就有理由去採取一個非常具體、成功機會極高的行動了。

利用程序步驟或邏輯中的不協調

在一些專門業務的操作程序中，或一些消費者產品的使用過程中，往往會出現一些不順暢、不方便的麻煩，這些麻煩就說明事情中存在某些尚待改進的不協調。發現它們並從中尋找到成功的解決辦法，就是抓到了新的機會。

20 世紀 50 年代後期，一名製藥公司的推銷員威廉・科納決定建立自己的企業。於是，他開始探索醫療操作過程中的不協調，而且很快就找到了。多少年來，白內障手術過程中總有一個步驟不那麼完善：眼科醫生切割韌帶、紮血管時，常常會出現流血的現象，進而損傷患者的眼睛。

過去人們已經發現一種酶，幾乎可以馬上分解這種特殊的韌帶。但還未找到保存它的方法。科納通過「試錯法」，發現了一種貯存方法。不到幾年之後，世界上的每一位眼科醫生都用上了科納的專利化合物。20 年後，他把他的公司——愛爾康實驗室以高價轉讓給一家跨國企業。

在美國，過去人們種植護理草坪，使用的產品很難控制。所有的廠商只告訴人們這種作業要求準確，控制嚴格，但他們都沒能為顧客提供一種方便控制的工具，顧客總是感到手足無措。後來成為美國最大的草坪護理產品生產商之一的斯科特公司在還是一家獨立的小公司時，就與規模比它大很多倍的公司進行激烈的競爭，並取得主導地位。它的主導地位正是靠一種被稱為「撒播者」的小型輕便獨輪手推車樹立的。這種車上面有一個小孔，斯科特的產品能夠適量均勻地通過這個小孔，播撒在地上，由此為廣大的普通顧客提供了簡便易行的工具。

杜拉克指出，發現這類不協調的方法，有時真是簡單得很。據說，科納是通過詢問外科醫生對工作有哪些地方感到不方便著手的。斯科特公司努力向批發商和顧客瞭解，現有產品中還缺少什麼。然後，它開發了「撒播者」系列產品。

程序、節奏或邏輯中的不協調並不是細小難查的事。使用者總能夠感覺到它。每一位眼科醫生在切割眼部肌肉時感到不順手，並會時常談論；每一個五金用品店的店員都知道他的草坪顧客的手足無措，並經常談起。但是，真正缺乏的是有人樂意去聽，樂意堅持這一信念：產品或服務的目的是滿足顧客的需要。如果有人接受這個定理並付諸實施，那麼，將不協調利用為創新的機遇就變得十分容易，而且富有成效。

新的商機存在於系統運行的薄弱環節

杜拉克認為，人們在一個行業的生產或工作、操作中，經常會出現某些明顯薄弱的環節，造成操作程序當中的障礙或困難，使目標難以實現。因此，改變這種環節，就成為程序運行的迫切需要。新的機會也可能就在其中。

找出程序中需要創新的「薄弱環節」

想要在系統運行的薄弱環節中尋求機會，就必須首先找到這個薄弱環節。

首先，可以從程序運行存在的障礙和困難中，直接發現不良的環節所在。例如前述眼科手術所需要的酶，它的貯存法，使整個白內障切除術的程序得到徹底完善。

杜拉克又舉了排字機的例子：19 世紀 80 年代，印刷業的各種生產程序都大有改善，已有快速造紙機和印刷機等等。只有排字這道工序從谷登堡時代以來，400 多年間仍沒有多少變換。它依然是緩慢和昂貴的手工作業，需要高難度的技術、長期的學徒制及高昂的工資成本。墨根特勒像科納一樣，確定了需要改變的東西。不足 5 年，他的萊諾排字機取代了印刷程序中最落後的人工排字環節，成為業界認同的「標準」。

分析程序創新的困難因素

杜拉克指出，找出「薄弱環節」固然有其困難，但還有另一個更艱難、風險更大，在許多時候卻更重要的因素：花大力進行有計畫的研究。因為，何處出現了「薄弱環節」，能找準它，還不等於解決了問題，為了滿足這個程序上的需要，還必須引入大量新知識或新技能。

例如，1870 年時，攝影已發明並風靡世界。但當時的技術使它們使用起來很困難。攝影需要厚重、易摔碎的玻璃板，它必須隨身攜帶，而且要小心照顧。另外還有很笨重的相機，照相之前要經過很長時間的準備，認真布置背景等等。每個人都瞭解這些不足，但 1870 年的科技水平還不能解決這些問題。

到 19 世紀 80 年代中期，柯達公司的創建人喬治・伊斯曼運用新技術，研製出重量很輕的膠卷代替厚重的玻璃板。這種膠卷不必小心處理，而且設計了一種輕便的照相機與它相配。10 年內，柯達樹立了攝影界的世界領導地位並保持至今。

由此，杜拉克強調了計畫研究在創造機會中的重要性。他說，把一個程序從潛在狀況轉變成現實狀況，常常需要「計畫研究」。當然，需要本身應該能夠被感受到，而且能夠指出具體需要什麼，然後才能產生新知識。愛迪生就是這種根據程序需要進行創新的典型。經過了 20 多年，每個人都知道會出現一個「電力工業」。那一階段的最後五、六年，情況越來越明顯：「欠缺的環節」是電燈泡。沒有它，就不可能出現電力工業。於是，愛迪生把研究方向鎖定在將這種潛在的電力工業轉化成現實所需的新知識上，在兩年內發明了電燈泡。

把潛在狀況轉變成現實的計畫性研究，已經成了一流的研究實驗室研究國防、醫療、農業和環境保護技術的重要方法。

遵循程序創新的五項基本要素

杜拉克曾舉出這樣一個例子：一個小小的道路反射鏡將

日本的汽車事故下降了近三分之二。

1965 年，日本整個國家快速進入汽車時代。於是，日本政府大規模地建設公路。汽車可以高速行駛了，但所鋪的道路仍然是老式道路。那是 10 世紀時依照牛車寬度鋪設的，幾乎只夠兩輛車並行通過；到處是死角和不容易看清的入口，而且每走幾公里就需要一個交叉路口，這個路口以不同的角度交會了五、六條馬路。事故率以驚人的速度上升，特別是在夜晚。報刊、電臺和電視臺，以及議會的反對黨很快就大聲呼籲，要求政府「採取措施」。如果重建道路，問題當然容易解決。但是，那至少得花費 20 年時間才能完成。大量公共活動向司機大力宣傳「小心駕駛」，也沒有產生任何成效。

這時，一個名叫岩佐多門的年輕人把這個危機當作一個創新的機會。他把傳統的公路反射鏡重新設計，使得小玻璃鏡片能夠任意調整，反射出從四面八方駛來的汽車前燈。日本政府很快大批量地購買他的反射鏡，果真使事故發生率大幅減少。

新的商機存在於產業和市場結構的變動中

杜拉克對產業和市場變動帶來的新機會，做了十分精彩詳盡的論述。他認為，產業和市場結構有時可持續很多年，從外表上看非常穩定。但事實上，市場和產業結構十分脆弱，遇到一點點衝擊，原來的狀態就會崩潰，而且速度很快。一旦碰上這種情況，產業中的每個成員都必須有所反應。繼續以往的做事方式注定會帶來災難乃至滅亡。或者，那些原來的產業或市場統治者會因反應遲鈍而喪失領導地位。可見，市場和產業變動中蘊藏著擊敗領先者，使自己成為領先者的重要機遇。

不拘一格地應對市場的新變化

面對市場的新變化，應該採用不同的應對方法。杜拉克先以 20 世紀早期汽車市場發生的巨大變化為例，談到當時四種成功者的應對方法。當時汽車的銷售量以每三年一倍的速度增長，它的銷售對象已不僅僅局限於富裕階層。這時有四家廠商分別從這種市場變化中找到自己的機會。

一、是成立於 1904 年的英國羅爾斯－羅伊斯公司。它的創建人認識到汽車的數量增長如此迅速，勢必會「平民化」。可是，他並沒有去迎合這種平民潮流，反而決定生產並銷售帶有「皇家尊嚴」的汽車。他故意採用從前那種過時的製造方法，以確保車子的質量達到極優，不易損壞，而且車子只能由羅爾斯－羅伊斯公司訓練的專業司機駕駛。他只將汽車賣給他們認為有資格使用的客戶，而且最好是有頭銜的人。為了保證沒有普通消費者流購買他們的汽車，他將它的價格定得與一艘小遊艇一樣高。他成功了，擁有了自己的專門市場。

二、是年輕的亨利·福特。他也認識到市場結構正在發生變化，美國汽車不再只是富人的專享品。他的對應措施是為「平民」設計一種主要由半熟練的工人操作，能夠完全批量生產，可以由車主本人駕駛和維修的汽車。他也成功了。

三、是美國人杜蘭特。他將市場結構的變化當作一家專業式管理型汽車公司的大好時機。他預測到一個巨大的「全方位」市場，並準備向市場的各個階層提供汽車。1905 年，他創立了通用汽車公司，開始收購已存在的汽車公司，將它們合併成一家大型的現代企業。他也取得了成功。

四、是義大利的阿涅利。他感覺到汽車將成為軍需品，特別是可成為軍官的指揮車。這時，他在都靈成立了飛雅特公司。短短幾年之內，他的公司就變成向義大利、俄國和奧匈帝國軍隊提供軍用汽車的主要供應商。

拒絕順應市場變化的下場，只有死路一條

杜拉克又以 1960 ～ 1980 年間，世界汽車工業的市場結構再次發生改變為例，引領我們看看那些善於創新者又是如何抓住了成功的機會。

此前，各國的汽車市場都由本國的汽車廠商壟斷。但到了 1960 年左右，汽車工業突然成為「全球性」工業。此時，不同的公司採取了不同的應對措施。當時日本決定成為世界級汽車出口國。60 年代末，日本第一次嘗試進入美國市場，以失敗告終。他們重新組織，反覆思考著應該採取的策略，並重新擬定向美國提供具有美國風格的美式汽車，適合美國人的操作習性，但車身較小，而且更省油、質量控制更嚴格。更重要的是，他們為客戶提供了更好的服務。同時，他們抓住 1979 年的石油危機這個第二次機會，取得了空前的成功。

福特公司也決定通過「歐洲」戰略向全球市場進軍。10 年後，即 70 年代中期，福特成為歐洲車市最強的競爭者。

飛雅特決定成為一家歐洲公司而不僅僅是義大利公司，而且，它的目標是在歐洲幾個重要國家中成為強大的第二大汽車廠商，同時維持其在義大利的主導地位。

通用公司最先決定留在美國，維持它在美國市場的 50% 份額，並以此方式進一步獲得北美汽車銷售的 70% 利潤。它取得了成功。10 年後，即 70 年代中期，通用改變戰略，決定在歐洲與福特和飛雅特決一死戰。它再度獲得成功。1983 ～ 1984 年，通用又決定成為一家真正的全球性公司，並與一些日本公司結成同盟，最先是兩家小公司，最後

是豐田公司。

德國的梅塞德斯－賓士（Mercedes-Benz）實行另一種全球策略，將自己定位在世界市場中的幾個狹窄領域，就是豪華轎車、計程車和巴士。

杜拉克說，所有這些戰略都十分成功。相反，那些拒絕做出艱難的選擇或承認所發生的事的公司都沒有什麼好下場。克萊斯勒就是一個明顯的例子。它明知發生了什麼事，卻以逃避代替了努力創新。它一點一滴地將資源浪費在無謂的地方。它收購了歐洲一些破產的公司，使自己看上去像一家跨國公司。但是，這並沒有增強它的實力，反而耗盡了它的資源，使它沒有資金對美國市場進行投資。當 1979 年石油危機衝擊時，克萊斯勒在歐洲市場全盤崩潰，在美國市場也所剩無幾。最後靠政府以及艾科卡挽救了它。英國雷諾公司的境遇也與克萊斯勒相似。它曾是英國最大汽車公司，是歐洲市場主導地位的有力競爭者。法國標致汽車公司的情況也如是。這兩家公司都拒絕必須做出創新選擇這一事實。最後它們都迅速喪失了市場地位和獲利能力。

確定新的市場定位，重塑形象

杜拉克還談到了富豪、寶馬和保時捷這幾家小公司成功創新的故事，並認為它們是最重要的例子。它們都從當時的變化中認識到重大的機遇。

1960 年左右，汽車市場突然發生變化。有人認為，這三家公司在這次「大淘汰」中要完蛋了。但是，它們都表現得非常好，不僅為自己開拓市場，而且成為各自領域的主導者。它們擬定了創新戰略，將自己重新開創成不同的企業。

1965 年，富豪（VOLVO）還是一家特別小的公司，在市場苦苦掙扎，失敗過好幾回，幾乎難以達到盈虧平衡。其後，它重新設計新的戰略，成為一個向世界銷售「感知型」汽車的廠家。這種車並不十分高貴，但決不廉價，也根本不趕時髦，但是堅固，而且體現了良好的感受力和「更好的價值」。富豪把自己定位成專業人士所用的車，這些人並不想通過名牌汽車顯示自己多麼成功，卻很注重他們「良好判斷力」的名聲。

1960 年左右，寶馬（BMW）也處於崩潰邊緣，其後也同樣獲得了成功，特別是在義大利和法國。它的服務對象是「年輕人」，那些在工作或專業上已經獲得了相當大的成功，卻希望仍被看作年輕人，以及那些希望證實他們「有品味」，且願意為此花錢的人。寶馬特別是供有錢人享用的豪華車，但它更偏向於那些希望表現出瀟灑形象的有錢人。賓士和凱迪拉克是公司高層或國家元首坐的車，寶馬則把自己定位宣傳為「極品機器」。

保時捷公司把自己塑造成賽車的製造商，主要對象是那些並不把車當作交通工具，而是想從汽車上尋求刺激的人。

最後，杜拉克列舉了相反的失敗之例：那些沒有針對市場的變化，採取不同的措施，而且一直因循守舊的小汽車廠商只能苦苦掙扎。以英國的 MG 為例，30 年前就已經達到保時捷後來所處的極好地位，它的跑車特別出色，可後來就幾乎無影無蹤了。雪鐵龍沒有反覆斟酌它的業務，也沒有進行創新，結果，它既缺乏自己的特色產品，又沒有相應的策略，只能是一個戰敗國。

利用「旁觀者清」的有利地位，乘機而入

杜拉克指出，當產業發生變動時，一些本行業內的人士會對這些變化視而不見，或視之為威脅而加以拒斥，因此坐失良機。這時，一些行業外的人卻「旁觀者清」，乘機而入。

所以，具有開拓精神的圈外人也許很快地成為一個重要產業或領域的主要分子，而且擔當的風險相對較低。

例如，60 年代初或中期，美國醫療保健業的結構開始快速發生變化。有三名年輕人，最大的不到 30 歲，當時都是中西部一家大醫院的高級管理人。他們認定這是開創他們自己事業的大好時機，因為他們看準了醫院在諸如食堂、洗衣、維修等等方面將愈來愈需要專業服務。於是，他們將這些工作系統化，然後與醫院簽訂合約，由他們所設立的公司派遣受過培訓的人員管理這些事，而費用只是醫院原來為此花費的一小部分。

20 年後，這家公司的交易額達到 10 億美元。而那些專門做各種服務的行業人士卻未能抓住這個機會。

從四個指標入手，判斷變化的來臨

想要成功地應對產業和市場結構的變化，關鍵是準確地判斷出變化的來臨。有鑒於此，杜拉克概括出了四個指標，認為據此可以近乎準確而明顯地指出產業結構發生變化的時點。

第一，在這些指標中，最可靠也最容易發現的就是某產業正迅速增長。

如果一個產業的增長速度超過經濟或人口的增長速度。比如，一段時間內，它的產量翻了一番，我們就能夠有較大的把握預測它的結構將發生大幅度變化。由於現有的運營方式依然非常成功，所以經營者往往不願去轉變它們。但這些方式正逐漸過時。雪鐵龍和貝爾電話公司的人就不願接受這個現實。也正因此，那些「新手」、「圈外人」或從前的「二流企業」能夠在它們的市場上擊敗它們。

第二，某個產業的產量快速翻了一番時，它對市場的認識和服務的方式就可能不再適合了。

尤其是，舊的統領者規定和區分市場的方式不再反映變化了的事實，但報告和數字依然代表著傳統的市場觀點。例如前述醫院後勤管理的故事就證明了傳統的綜合醫院經過一段時期的迅速增長後不再合乎時宜。還有前面講到的連鎖書店也是因迅速增長而引起結構的變化。出版商和美國傳統書店沒有意料到新的客戶，即購物者正與傳統讀者一起出現在他們面前。傳統書店沒有覺悟到這一點，因而也不會試著去服務他們。

第三，另一個產業結構突然發生變化的發展是，一向截然不同的科技整合在一起。這種結合往往潛藏著新的商機。

杜拉克舉了供辦公室及大型電話用戶使用的小型交換機之例。從技術上而言，貝爾系統公司雖然設計並實際引入了電腦的小型交換機，卻從來沒有把這種產品推向市場，只供自己科研之用。結果，一家全新的小公司 ROLM 變成它的重要競爭對手。這家公司由四名年輕的工程師建立，剛開始的業務是為航空貨運公司設立小型的電腦系統。一個偶然的機會使他們進入了電話業。後來，貝爾公司雖然在技術上仍居於領先，但在這市場所占的份額卻不超過二分之一。

第四，如果一個產業的運營方式正迅速發生變化，那就意味著這個產業在基本結構上的變化時機已經降臨。

例如，以前大部分美國醫生都自己開業。到了 1980 年，還有 60% 獨自行醫。可是，他們要嘛與人合作，要嘛成為保健組織或醫院的一員。這是一種發展趨勢。1970 年左右就注意這一變化趨向的部分人士領悟到一個創新的機遇：他們成立了一家服務公司，為這些團體進行辦公室設計；告訴醫生他們應配置怎樣的設備，或管理他們的整體運作，或幫助培訓管理人員。

利用強大者的遲鈍，奪取主動權

杜拉克指出，如果某個產業為少數集團所獨佔，那麼，產業結構的變化就為競爭者提供了絕好的機會。少數集團長久壟斷某個產業，難免產生自傲自大的心理。剛開始，它們不會把新加入者放在眼裏。然而，當新加入者越來越多地奪走它們的生意時，它們會發現已經很難重新振作起來。例如貝爾系統公司就花了 10 年時間才對長途電話廉價運營公司做出回應。

當「非阿司匹靈類」藥物——泰諾和達脆爾首次出現時，美國阿司匹靈廠商的反應也一樣遲緩。創新者之所以能判斷出機遇，是因為看到了即將發生變化。而阿司匹靈的危險性和局限性已廣為人知，於是新泰諾和達脆爾應運而生。當時，阿司匹靈生產商並不是沒能力製造這種產品，但他們反應緩慢。結果，五年後，泰諾和達脆爾取代了整個市場。

同樣，創新者越來越多地奪走了郵政服務中最有利潤的業務，而多年來，美國郵政署也沒有做出任何反應。首先是聯合包裹服務公司奪走了普通包裹郵遞業務；艾瑪利空中貨運公司和聯邦快遞公司搶走了郵政署利潤十分豐厚的緊急和高價值的商品及信函快遞業務。美國郵政署之所以不堪一擊，是因為它的營業額增長非常迅速，以至於忽視了那些微不足道的服務項目。這就為創新者提供了一個機遇。

當市場或產業結構一次次發生變化時，當前產業的管理人常會忽視增長最快的領域，仍然抱著即將不適合的經營方式不放。新的增長機遇不會與舊的市場觀點和經營方式合拍，舊的經營者也不會在意它們。所以，一個領域的創新者有良好的機會可以自行發展。由於有時候舊的企業或服務仍將以舊的方式富有效果地服務於舊的市場，所以，它們尚未顯得失效，也就很容易對新的挑戰者掉以輕心。

應對措施務求簡單、直接，切忌繁瑣、複雜

杜拉克認為，在市場結構發生變化時進行的創新必須簡單化。複雜的創新是沒有效果的。

1960 年左右，德國福斯汽車公司發起了一場變革，將汽車業轉換成一個全球性市場。福斯汽車公司的金龜車是自 T 型車後 40 年來第一個真正國際性的汽車，在全球各地都享有盛譽。然而，福斯卻與它一手造就的機會失之交臂。

到了 1970 年，即進入世界市場 10 年後，金龜車就在歐洲逐漸落伍了。在它的第二大市場美國，它依然銷售得不錯；在第三大市場巴西，金龜車明顯還有頗強的增長勢頭。在這種情況下，新策略出臺了。

福斯的首席執行官建議讓德國工廠全部改產一種新款汽車，作為金龜車的後繼者。新款車仍將供應美國市場。但是，美國對金龜車仍有很強的需求。於是，改從巴西生產點供應。這就使福斯廠商在巴西擴大工廠，提高生產能力，使金龜車在繼續增長的巴西市場保持又一個 10 年的主導地位。為了保證美國客戶能夠享受到「德國品質」這個金龜車的一項主要魅力，汽車的關鍵部件，像引擎、傳動器等仍在德國製造，然後在他國境內組裝，以供應北美的市場。

這是第一個真正的世界性戰略，在不同的國家生產不同的零配件，然後根據不同的市場需求，在不同的地域進行組裝。如果能夠成功，這將是一個非常正確的決策。然而，這個戰略的缺點就是太過複雜了。首先，德國工會提出反對意見。他們說：「在外國組裝金龜車就意味著喪失了德國的就業機會。我們不能同意這種做法。」而且，美國的銷售商也對「巴西製造」的汽車產生疑惑，儘管它的關鍵部件仍然由

「德國製造」。結果，福斯不得不放棄這個聰明的計畫。

由此，福斯失去了它的美國市場。全球第二次石油恐慌，導致小型汽車大行其道時，擁有小型汽車市場的本應該屬於福斯而不是日本公司。但德國人已沒有產品。而且幾年後，巴西發生嚴重的經濟危機，汽車銷售量不斷下降，巴西福斯身處困境。它在 70 年代增加的生產能力已沒有外銷對象了。

杜拉克總結道，這個故事最重要的教訓是：「聰明」而頭緒繁多的創新策略常會失敗，特別是利用產業結構的變化所創造的機遇更是如此。只有十分簡單而清晰的策略才容易成功。

新的商機存在於人口的變化

人口構成的變化可以預示出潛在消費群體和消費觀念的變化，而這種變化又是有跡可尋的。只要找到了人口重心遷移的規律，企業經營的目標曲線即隨之而定。

杜拉克認為前面四種新機會的來源都體現在一個企業、一個產業或一個市場中。它們可能是經濟、社會、知識領域發生變化的徵兆，但它們只在內部顯露。而後三種新機會的來源，即人口變化、認識變化和新知識，都是外部的，是有關社會、哲學、政治和知識環境的變化。

忽視人口的變化是非常愚蠢而危險的

杜拉克強調，在所有外部的變化中，人口變化是最清晰穩定的。人口變化通常是指人口、人口規模、年齡結構、人口組合、就業情況、教育情況及收入的變化。對這種人口變化進行分析，能夠得出最可預測的結果。

忽視人口的變化是十分愚蠢的。我們這個時代的一個基本特徵就是，人口本身就是流動性的，隨時都會發生突變。它們應該成為決策者在進行分析和思考時所應注重的第一項環境因素。例如，發達國家的人口老化和第三世界國家的年輕人過剩是 20 世紀少數幾個對國內國際政治產生重要影響的問題之一。不管原因何在，20 世紀的社會，包括發達國家和發展中國家，越來越易於發生快速而激烈的人口變化，且事先不會出現預兆。

人口變化之所以成為成功的企業家有利的機會，主要是因為它常常被決策者所忽視。事實上，他們對最明顯的人口變化都視而不見。

1970 年，美國學校的學生數量比 60 年代時低了 25 ～ 30%，這是非常清楚的事實。將於 1970 年上幼稚園的孩子應在 1965 年左右出生，而事實顯示，1965 年也不可能有人口大增的徵兆。然而，美國大學的教育學院並不接受這一事實。他們片面地認為學齡孩子的數量一定會逐年升高，並將這看作自然法則。於是，他們加緊招收學生。後來生源不足，教師的待遇面臨下降的壓力，甚至導致許多教育學院關閉。

杜拉克說，專家們不願意或不能夠接受與他們想當然的觀念相抵觸的人口現狀，這給予了企業家創新的機會。那些敢於否定常識，接受現實的人，可以在相當長的時間內因沒有競爭對手而獲得寶貴的創新時機。

巧妙地利用人口變化中潛藏的商機

杜拉克曾於 20 世紀 50 年代做過預測，到 70 年代，美國大學生人數將達到 1000 萬～ 1200 萬人。許多大學對此結論不屑一顧，當它是是奇談怪論。但一些企業化的大學對此十分重視。他們做好了準備，以迎接額外學生的註冊。而傳統的、特別是「聲望」很高的大學卻什麼都沒有準備。結果，20 年後，這些企業化的大學有了足夠的生源；即便在全國的大學生源因受生育低潮的影響而銳減時，仍然足夠，從而保持了增長。

在美國，大多數大公司到了 80 年代，還把那些數量眾多，受過高等教育，而且雄心勃勃的年輕知識女性當成一個就業的「難題」，但花旗銀行很早就注意到這一女性人口加入勞動大軍的趨勢，並成了大公司中惟一從這些青年女性身上發現機遇的公司。70 年代，它就積極招聘婦女，培訓她們，並將她們分派到全美各地擔任放貸辦事員。這些雄心勃勃的女青年十分賣力，從而使花旗成為全國領先，也是第一個真正的全國性銀行。與此同時，一些存放機構認識到，那些由於要照顧孩子而不得不中斷工作的年齡稍大的已婚婦女從事永久性兼職工作時，表現都十分不錯。在過去，婦女一旦離開工作崗位，就再也無法回去。但人口的變化使得這些規則不再合乎時宜。有勇氣接受人口變化這個事實，使這些機構擁有了忠實、工作效率超群的勞動者。

機遇建立在準確的人口分析之上

杜拉克從創新的實際意義出發，指出，分析人口的變化，首先應從人口數字開始。但是，總人口數是最沒有意義的，必須分析年齡的分布。

他強調說，在年齡分布中最重要、也具有最高預測價值的一點是人口重心的轉移。所謂「人口重心」，指在任何給定的時間內，人口中所占比例最大、增長最快的年齡層。

除了要注意分析人口重心的變化趨勢以外，教育程度的分布也同等重要。事實上，對於某些目的來說，如推銷百科全書、職業進修、假期旅遊等，它顯得更加重要。其次是勞動大軍的人數和職業分割。最後是收入的用途分配，特別是可支配收入的用途分配。例如，雙薪家庭的儲蓄消費傾向是什麼？

實際上，大多數答案都能夠得到。它們是市場調查方面的事，只要願意提出問題，一切都可解決。

但是，知道了從何處著手分類以看待人口統計數字還不夠。統計資料只是起點。要從這個起點發掘商機，一般而言，還需要到實地進行考察。

西爾斯公司的總裁羅伯特・E・伍德在 50 年代時閱讀了一份資料，其中顯示墨西哥城和聖保羅有可能在 1975 年時超過所有美國城市的發展。這一預測深深吸引了他，於是他決定親往拉丁美洲的主要城市做實地考察。每到一處，他就觀察商店，研究交通流量。他對所見大感吃驚。於是，他瞭解了針對顧客群應建造的商店類型、在哪裡開店以及陳列哪些商品等。

梅爾維爾鞋店從一家老式、毫無特色的鞋子連鎖店躍為發展最快的流行時尚零售商店，要歸功於兩名年輕人。他們花了數個月的時間在購物中心觀察顧客，聽取他們的意見，探索他們的價值觀，對年輕人購物的方式、喜歡的購物環境，以及他們對所購商品的「價值」如何看待等問題進行了研究。

新的商機存在於知識的創新

杜拉克發現，人們對於事物的態度發生轉變時，商機往往隱藏其間。比如，有人看到一個杯子，說它是「半滿的」，這代表滿意的認知態度；有人卻說它是「半空的」，就代表一種不滿意的認知態度。

從數學的角度來說，「杯子是半滿的」與「杯子是半空的」沒有任何區別。但這兩句話的意義卻完全不同，所造成的結果也大不一樣。如果人們的認知是從看見杯子是「半滿」的改變為看見杯子是「半空」的，那麼，這裏頭就存在著一個重大的新機遇。

杜拉克指出，當認識到變化發生時，事實本身並沒有改變，改變的只是它們的意義。意義是從「杯子是半滿的」改變為「杯子是半空的」。從將自己看作勞動階級到將自己看成是中產階級，意義發生了變化。這種變化決不是奇異或難以捉摸的。它很具體，可以被定義、檢測，還可以被利用。

杜拉克極力推崇知識的創新：「實現基於知識的創新，最能展現企業家的精神。」在所有歷史性的開拓新商機的事例中，基於知識的創新佔有很重要的比率；而且它往往帶來巨大的經濟效益。

所謂知識，並不限定於科技方面，基於知識的社會創新有時可能會產生更強烈的效果。杜拉克概括了知識的創新所具有的一些基本特徵，主要是：實現這種創新的時間跨度較長；需要各種知識的聚合；失敗率較高；不可預測性較大，善變而且難以控制；對企業家的挑戰難度大，要求高。

知識創新的四個基本特徵

1. 基於知識的創新所需的間隔時間通常最長。

首先，新知識與它成為可應用的技術之間有一段很長的時間跨度。其次，新技術轉變為產品、工藝或服務也需要很長的時間。這方面，從科技發展史中可以找到舉不勝舉的案例。另外，長的時間間隔並不局限於科學技術領域，對於非科學技術性的知識所產生的創新也是如此。

拿破崙戰爭剛一結束之際，聖西門伯爵就發展了企業家銀行的理論，亦即有目的地使用資本以產生經濟收益。直到1852年，他的兩個信徒皮埃爾兄弟才建立了第一所企業家銀行——信貸公司，將現在所稱的金融資本主義概念帶了進來。

其次，我們今日所說的「管理」的許多要素在一戰後都已出現。1923年，在布拉格召開了第一次國際管理會議。與此同時，各國的大公司，特別是美國的杜邦和通用汽車，開始採用新的管理概念對公司進行重組。其後10年中，一些「真正的信仰者」，尤其是英國的厄威克開始寫管理方面的書。但是，直到杜拉克的《公司概念》（1946年）和《管理實踐》（1954年）出版後，「管理」才正式成為全世界管理者可學到的一門科目。

在此之前，「管理學」的每個學者或實踐者往往都是片面地注重某一領域，如厄威克只注重組織，其他人只注意人的管理等等。杜拉克的書則是將它彙集起來，使之系統化。此後，管理才終於成為遍及全球的巨大力量。

現在的「學習理論」也經歷了同樣長的間隔時間。德國人馮特和美國人詹姆士於1890年左右開始對「學習」進行科學研究。二戰後，美國哈佛大學的斯金納和布魯納提出並檢驗了學習基本理論，斯金納專於行為，布魯納專於認知。然而，直到現在，學習理論才開始成為學校的一個組成要素。也許由企業家根據學習的知識創辦學校的時代已經來臨了。

相同的間隔時間也適用於新的科學理論。孔恩在他的突破性著作《科學革命的結構》中指出，一個新的科學理論通常需要30年左右的時間才能引起科學家的注意，並具體地運用到他們自己的工作當中。

杜拉克總結說，知識轉化成可應用的技術，出現在市場上並被人們所接受的間隔時間大約是在 25 ～ 30 年之間。

2. 基於知識的創新的第二個特點是知識的聚合。

知識的創新幾乎很少基於一個因素，而是多種不同知識的聚合。這些知識也並不都是科學或技術知識。

在基於知識的社會創新方面，杜拉克指出，1852 年，皮埃爾兄弟建立了第一家企業家銀行。幾年內，它就以失敗告終。原因在於他們只有一種知識，而銀行卻需要兩種知識。他們有一套創造性金融理論，這使他們成為聰明的風險資本家。但他們缺乏系統的銀行業務知識，它當時正在英國發展起來。皮埃爾兄弟在 19 世紀 60 年代初慘遭失敗後，別的人繼續跟進，並在風險資本概念的基礎上增加了銀行業務知識，最終獲得了成功。第一個人是約翰摩根。1865 年，他建立了 19 世紀紐約最成功的企業家銀行。

因此，在必需的知識未齊備前，基於知識的創新就不可能成熟，也必然會遭到失敗。在大多數情況下，只有當這些因素已廣為人知，在某些地方已開始使用時，創新才會產生。在一個基於知識的創新所需的所有知識全部具備之前，創新將不會起步，只能處於醞釀階段。

這裏，杜拉克舉了飛機發明的進程之例。蘭利是他同時代的人都公認的最有發明飛機之潛力的人，因為他比萊特兄弟似乎更專業，受過更好的訓練。但即使那時已發明了汽油發動機，他卻不加重視，因為他相信蒸汽發動機。結果他的飛機雖然能飛，但蒸汽發動機本身的重量太重，無法再承擔其它任何重量，更不用說一名飛行員了。飛機的產生需要將數學知識和汽油發動機有機地結合起來，才能成為可能。

關於這一點，杜拉克最後說，在所有知識聚合之前，基於知識的創新所要消耗的前置時間往往還沒有開始。他的話說明，基於知識的創新，不只是在從知識到運用成功這之間具有很長的間隔時間，而且，在知識的聚合形成上，還需要另一個前置時間，這個時間也許同樣漫長。

3. 基於知識的創新還深受高風險及不可預測性的影響。

基於知識的創新由於過程漫長，在相當長的一段時間內，人們就知道可能會有一項創新即將發生，但它總是沒有發生。然後突然間出現一個近似的知識創新，接著又會在短短幾年內出現狂熱現象，以及大量報導。幾年後，這個知識的創新又被證明是不成功的。接著發生大淘汰，許多公司面臨倒閉，只有少數可能倖存下來。

1856 年，德國的西門子應用了法拉第 1830 年左右發展的電學原理，設計出第一台電動馬達和發動機，引起了全世界的轟動。從那時起，人們就意識到將會產生一個「電氣產業」，而且會占主導地位。於是，大量科學家和投資者積極工作。但是，22 年內，什麼也沒發生。因為還少了一種知識：麥斯威爾對法拉第原理的發展。

當這個知識出現時，1878 年，愛迪生發明了電燈，這場競賽又開始延續。5 年內，歐洲和美國所有重要的電氣設備公司相繼成立。但最後僅有少數倖存者。各國上百家類似的公司不勝枚舉，它們都是當時的投資者所熱衷資助的對象，且有望成為「10 億元」資產的企業。但是，到了 1895 ～ 1900 年，大多數公司都悄無聲息了。

汽車業也一樣。1910 年左右，僅在美國就有 200 家汽車製造公司。20 世紀 30 年代初期，這個數量銳減至 20 家。到了 1960 年，只剩下 4 家。

倖存者無一例外，都是那些在早期的繁榮期便已開始營運的公司。在這裏，杜拉克提出一個「窗口」概念，意指在窗口從開到關的時期，就是產業的一段繁榮期。而這個窗口不會開得太大，也不會開得太長。在這個時期之後，想涉足這個產業，實際上已不太可能。每一個產業都有一個繁榮的時間「窗口」，一家新興的企業必須趁著這幾年的時間內，在任何新的基於知識的產業中打下扎實的基礎。

杜拉克反對人們現在普遍持有的一種觀點，即認為「窗口」開得越來越窄了。他說，這種看法和另一種看法，即人們通常認為新知識從出現到轉化為技術、產品和工藝的間隔時間越來越短，兩者都是錯誤的。

但是，毫無疑問，今天的「窗口」已經變得越來越擁擠。許多國家已經擁有了 100 多年前只有少數地區才擁有的東西：一批受過良好教育和培訓的人員，可以立即在基於知識，尤其是基於科學或技術的創新領域中從事專業工作。因此，競爭的擁擠現象日益劇烈。

造成這種現象的一個重要原因是，公司必須在研究、技術開發和技術服務上投入越來越多的資金，才可以有資格參加競賽。高科技必須越跑越快，才能永遠立於不敗之地。

當然，這是它的魅力之一。但這也意味著，當大淘汰來臨之際，只有為數很少的幾家企業有雄厚的財力堅持下去。

4. 知識創新的巨大風險還在於它的結果究竟能否被人們普遍接受，往往無法在事前準確測知。

杜拉克說，一般情況下，所有其它創新利用的是已發生的變化，它們滿足的也是已存在的需求。基於知識的創新卻是即將引發變革，即將創造一種需求。最大的難處就在於沒有人算得準人們對它的態度是接受、還是無動於衷，還是極力排斥。

因此，對於大多數基於知識的創新來說，在人們接受與否的判決上真是一場賭博。成敗的機率是未知的。也許它有很高的接受率，只是暫時沒有人認識到它罷了；又也許當每一個人都確信社會正熱切期盼的某一個創新出現時，卻沒有人願意接受它，甚至還存在很大的抵觸情緒。

例如，普魯士國王曾預測鐵路這個新東西將會遭到失敗，因為「人們騎馬就可以不花錢，在一天之內從柏林跑到波茨坦，怎會有人付出昂貴的價錢，乘坐一小時到達的火車！」當時的大多數「專家」也心存這種觀念。

同樣，當電腦出現時，也沒有一個「專家」想到企業將會需要這樣的東西。

儘管預測可能失誤，但杜拉克還是比較肯定專家意見的價值。他說，這些專家通常還是對的。例如 1876 ～ 1877 年，他們就已知道人們肯定會接受電燈和電話——他們都預測準了。同樣，愛迪生在 19 世紀 80 年代發明留聲機時，也被當時的專家看好。事實再一次證實專家就人們對新設備的接受能力方面所做的推測通常是正確的。

在基於知識的創新中，沒有辦法可以消除風險因素，甚至無法降低風險的程度。市場調查也無濟於事。沒有人能夠對根本不存在的事情做出調查研究。

杜拉克有些無可奈何卻又很堅定地說：「我們別無選擇。如果想要從事基於知識的創新，就必須在它的接受力上賭一把。」

在當今最炙手可熱的領域，如個人電腦和生物工程，風險更高。高風險是基於知識的創新所無法避免的。為追求它的巨大影響和它改變世界面貌的能力，為追求它可能給創新者帶來的非凡地位，就必須付出這種代價。

因此，基於知識的創新，對創新者提出了許多要求。他們不同於其它領域的創新者，面臨的風險也各不相同。但風險越高，所獲得的潛在回報也相應增高。其他創新者可能得到一些財富，而基於知識的創新者則可能名利雙收。

知識創新的三個具體要求

基於知識的創新由於其特性與眾不同，所以必然會帶來特殊的要求。這些要求不同於其它任何形式的創新。

1. 對所有必要的因素做出細緻的分析

這包括知識本身及社會、經濟等等各方面的因素。必須辨別出哪些因素還不具備，企業家才能確定所缺的因素是否可以製造出來，由此得知創新是否具有可行性，是否宜延緩進行。

萊特兄弟的行為是這種方法的最好見證。他們曾慎密地思考過建造一架由人駕駛、馬達推動的飛機所需要的知識；然後著手一項項發展所需要的知識，收集可用的資訊，先從理論上檢測，接著進行風洞測試，再進行實際的飛行試驗，直到他們獲得建造副翼和機翼所需要的數學知識。

基於知識的非技術性創新也需要做同樣的分析。摩根和西門子都沒有發表過論文，但他們欲創建一家銀行的決定是在對既有的知識和所需的知識進行仔細分析後才做出的。

杜拉克還以他創立管理學的情況為例說，他本人在 40 年代初期成功地成為管理領域的創新者也是做了同樣的分析。它所需要的許多知識當時已經存在：如組織理論，以及管理工作和工人方面的知識。然而，他分析的結果顯示，這些知識都很零散，分屬於多種不同的科目。然後，他找到了所缺的關鍵知識：企業的目的；高層管理的工作和結構方面的所有知識；我們現在所說的「企業政策」和「戰略」以及目標等等。他確信所有這些當時缺乏的知識都可製造出來。如果沒有這樣的分析，他就不會知道它們是什麼知識，或它們正是所缺的知識。

不做這種分析，幾乎必然會帶來災禍。其結果，要嘛是基於知識的創新不可能獲得，要嘛是創新者根本品嘗不到創新的果實，只不過為他人創造了成功的機會罷了。

英國科學家開發了青黴素，但未能將青黴素的製造能力當作關鍵性的知識因素。他們本可以開發出所需的發酵技術，但他們甚至連試都沒有試。結果，美國一家小公司輝瑞繼續研究發酵技術，最終成為世界一流的青黴素生產商。

同樣，英國人想像、設計並製造了第一架噴氣式客機。但是，英國的哈維蘭公司沒有分析還欠缺什麼東西，因而未能把握住兩個關鍵要素：一個是配置問題，也就是對於一條航空路線來說，噴氣飛機能夠提供的合適的商務載量和合理的規模。另一個要素同樣不起眼：如何資助航空公司購買造價昂貴的飛機。結果是使兩家美國公司——波音和麥道接手了噴氣式飛機，而它自己不久也隨之銷聲匿跡。

這樣的分析看起來往往是顯而易見的，然而科學技術的發明者卻很少去做。科學家和技術專家之所以拒絕進行這種分析，只因為他們認為自己「知道」了這些知識就已經足夠了。這就說明了——為什麼在許多情況下，基於知識的偉大創新通常是由門外漢創造出來，而不是科學家或技術專家開發的。

2. 要有清晰的戰略定位

創新不能進行試驗性嘗試。也就是說，要一次定勝負。知識創新的魅力往往會吸引一大批人的注意，這意味著創新者必須一次成功。他不可能有第二次機會。在其它形式的創新中，創新者一旦成功，就會在很長的時間內獨享成果。基於知識的創新卻不如此，創新者往往很快就會遇到意想不到的大量競爭者，只要走錯一步，就會被他人趕超過去。

就基於知識的創新，杜拉克提出了三個主要的定位。

第一：是開發全套系統，然後佔領該領域。這也正是

IBM 早期的做法，當時它選擇租給客戶電腦而不是出售。它向客戶提供所有軟體、程式設計，向編程人員提供電腦語言指導，向行政人員提供電腦操作指導，此外還提供其它相關服務。通用電氣公司在 20 世紀初使自己成為以知識為基礎，發明大型蒸汽渦輪方面的領先者時，也走了同樣的道路。

第二：清晰的定位是市場定位。基於知識的創新可以為自己的產品開發一個市場。例如杜邦為它發明的尼龍所採取的措施就是如此。它並不直接「銷售」尼龍，而是創造了使用尼龍的婦女褲襪及內衣消費市場、汽車輪胎市場以及諸如此類的其它市場。然後，它將尼龍提供給加工商，生產已經由它創造出需求並已經在出售的產品。

第三：定位是佔據一個戰略位置，致力於一個關鍵功能。什麼樣的定位才能使知識創新者不會被過早淘汰呢？美國的輝瑞公司選擇了致力於掌握發酵工藝。這使它成為青黴素的早期領導者，且至今不敗。波音公司也是因為後來注重市場營銷，即掌握了各航空公司及公眾在配置和財務方面的要求，才成為客機市場的領先者。儘管現在電腦產業動蕩不安，掌握了電腦關鍵元件半導體的生產商卻能免受個別電腦廠商命運的影響，超然保持著它們的領導地位。英代爾就是這樣一個例子。

愛迪生的成功顯示了清晰定位的威力。其實，愛迪生並不是惟一發明燈泡的人。英國物理學家史望也發明了燈泡。從技術方面來看，史望的燈泡更優秀。於是愛迪生便購買了史望的產品專利權，並將它們用於自己的燈泡生產中。但是，他並不單單考慮技術方面的要求，還考慮了定位問題。甚至在他著手考慮玻璃罩、真空管、閉合和發光纖維等技術性工作時，就已確定了一個「系統」：他的燈泡是專為電力公司設計的。他籌措了資金，並獲得了供給燈泡用戶的接線權，從而使他的客戶享用到電。另外，他還安排了分銷系統。科學家史望發明了一個產品，愛迪生則創造了一個產業；愛迪生可以銷售和安裝電力設施，史望只會苦苦尋思誰會對他的技術成就感興趣。

最後，杜拉克特別強調定位專一的重要性。他說，必須確定一個清晰的定位。雖然上述三種方案都充滿風險，但如果不確定一個清晰的定位，在三者之間搖擺不定，或試圖同時嘗試幾個定位，那風險將更大，其結果可能是致命的。

3. 知識創新者需要學習並實踐企業家式的管理

杜拉克認為，企業家式的管理對基於知識的創新來說，往往比其它任何一類創新都更為重要。鑒於它的風險很大，因此更需要財務和管理上的遠見，也更應注意市場定位和市場驅動。然而，客觀的事實是，基於知識、尤其是基於高科技的創新似乎很少實行這種管理。

從很大的程度上說，基於知識的產業的高失敗率是基於知識、尤其是高科技的企業家本身的錯誤所造成的。除了「先進的知識」外，他們往往瞧不起任何東西，尤其是他們領域裏那些不是科技專家的人。他們過於沈迷於自己的技術質量，卻不懂得如何經營才能給客戶帶來價值。事實上，當今許多公司的事例都表明：只要有意識地利用企業家的管理，就可以大幅度降低基於知識的創新、包括高科技創新的風險。瑞士的醫藥公司就是一個例子，惠普公司和英代爾公司也不例外。

確切地說，正是因為基於知識的創新本身具有很高的風險性，才使企業家的管理顯得更加重要，也特別具有成效。

第八章

怎樣迎接未來的挑戰？

杜拉克說：「在一個變化莫測的時代，企業管理應該建立在什麼樣的基礎上呢？企業家必須開始考慮這個問題，否則根本不可能提出足夠的對策，以迎接未來幾年或幾十年的挑戰。」他強調：「每個組織機構都必須在兩個時期裏，即在今天與明天生存和行動。」

今天總是在創造明天，而且時間不能逆轉。因此，管理人總是必須既對今天的資源進行管理，也對明天進行管理。在急劇變化的年代，管理人不能將明天簡單地理解為只是今天的延續。相反，他們必須依據不斷變化的情況進行管理。

管理的重心側重於未來的變化

能不能成功地迎接未來的挑戰，首先取決於管理者的認識。管理者只有把管理的重心放在未來的變化上，提前做好預測，採取有效的對策，才能永遠立於不敗之地。

高效地使用資源，集中力量辦大事

面臨嚴峻的挑戰，企業必須保持機構的精簡，俾能做出靈敏的反應並採取有力的措施，從而使自己獲得機會。通常，一個組織機構未遇嚴峻的挑戰，就會趨於懶散、安於現狀和臃腫。它會根據慣性及傳統，而不是根據成果的需要分配資源。

面臨嚴峻的挑戰，任何組織都必須控制資源的分派。它必須仔細考慮，在哪兒可能出成果；必須瞭解它內部的技術及生產資源，特別是有技術及生產能力的人員；必須做出有組織的計畫和協調，從而將這些資源投入實際、潛在的成果中去。

行使分派控制權與集中資源需要兩個預算：一是為正在做的事所做的營業預算；二是計劃打算進行的、帶有風險性的機會預算。通常說來，營業預算比機會預算篇幅長得多。即使在一家很大的公司裏，機會預算也很少超過幾頁長。

但是，這兩個預算應該得到最高管理層的同等重視。管理部門對待這兩項預算的態度完全不同。對於營業預算，永遠只能在最低的，勉強過得去的水平上予以考慮。但對於機會預算，則應當使每一項努力和花費都以能夠獲得最高的資本回報率為基礎。

要做到集中資源於成果之上還必須依靠一種系統的管理手段，杜拉克稱之為「整體重量控制」。意指為了實施每一項新的努力而拋棄一項不是很有希望的努力。這種手段對白領階級的工作尤其重要，不論是人事、銷售、研究，還是任何其它工作。對於新產品開發、增加新生產線、追加新銷售渠道等，整體重量控制的規律也都適用。

勇於運用拋棄政策，減少自身的負擔

在一段較為平靜、預見度較高的漫長年月之後，一切單位和企業都可能被昨天的期望搞得負擔過重。這些昨天的期望包括那些無法再對企業做出貢獻的舊產品和舊服務；那些剛開始看上去好像是迷人的機會和冒險，但 5 年後仍然只是希望的東西；那些一付諸實施就會失敗的「聰明的」主意；那些隨著社會與經濟的變化，人們已經不再需要的產品與服務。

一艘在海上航行了漫長時間的船隻必須將附著在船身上的藤壺清除乾淨，否則藤壺的拖累將使船隻喪失速度和機動性。在一個平靜的經濟社會之河中航行了很長時間的企業也同樣需要清洗自身，除掉那些只會吸收資源，或是已成為「昨天」的產品、服務。

任何企業在任何時候都需要一個系統的拋棄政策。在面臨嚴峻的挑戰時，這個拋棄政策尤其重要。每隔幾年就應該對所有產品、服務、工序、活動進行一番檢驗，看它們是否需要拋棄，並在一個企業正值一帆風順的時期就進行這些工作。然而，只有極少數企業願意這樣做。結果是，只有它們能夠獲得明天所需的資源。在高速發展的年代，企業應該具有雙重承受能力，不僅能承受突然的打擊，也能使自己獲得並利用意料之外的突然之機會。將資源集中於成果之上，拋棄吞噬資源且喪失了生產力的過去，是使企業能夠具有這種雙重承受能力的基本保證。

善於制定增長戰略，不斷增強實力

一切企業都需要對經濟實力的增長進行管理。為了管理好經濟的增長，企業需要一個增長戰略。在 20 世紀 50 與 60 年代期間，人們認為，一切都必須增長，經濟的增長是沒有極限的。到了 70 年代，人們認為經濟的增長已經結束，永遠也不會再有增長了。事實是，這兩種觀點都是錯誤的。

任何事物都不可能永遠增長，更不必說以一種指數的速度永遠增長下去了。另一方面，經濟的增長也從來沒有停止過。但是，我們應該看到，每一個新的繁榮時期的到來，經濟的增長會轉換到一個新的基礎之上。因此，一個企業應該認真分析，經濟的增長轉換到何處去了？企業的優勢在新的增長領域中如何得到發揮？怎樣把企業的資源從已經不能產生成果的領域中抽出來，轉而投入能夠發現新機會的領域中去？這些問題的分析對企業來說，都非常重要。

每一個新的繁榮時期，都使得拋棄舊成果的速度越來越快。把自覺地拋棄過去與系統地集中資源結合起來，是任何增長政策得以實施的最基本的保證。

一家在市場份額上可有可無的企業，每逢經濟蕭條時，其產量的下降必然比一般企業更快；每逢經濟繁榮時，其產量的增長又比一般企業慢。隨著經濟周期的每一個循環，它將變得越來越弱。而一旦一家企業陷入可有可無的境地，想將它從衰敗中挽救出來就極為困難了。甚至可以說，幾乎不可能。

因此，要維持生存，就必須保持一個最低增長率。只要市場在擴大，工業結構在變化，企業自身就必須保持增長。

制定創新戰略，永遠走在時代前面

未來的巨人中肯定會有許多是現在尚不存在或尚未受人注意的小公司。這是合乎情理的。但是，與這一理論相矛盾，未來的創新，比起以往的時期，肯定有更多的創新會從現存的大公司中產生出來。其主要原因就是資本需求正逐步升級。用於基礎發明的資金，其數量可能不會有什麼差別，但用於開發一項產品及服務所需的資金、時間和努力，與以前相比，都要大許多許多倍；更不必說開發一個新行業了。另外，現在開發一個新項目，跟過去相比，還需要更多的專業技術人員，特別是在發展階段；而這些專業技術人員主要存在於大企業中。

所以，人們必須知道，如何使現存的公司，特別是大公司，能夠進行創新，需要一種戰略。首先必須使現存的企業能夠識別創新的機會，然後使他們有能力對這些創新進行有效的領導。僅僅擴充、拓展、修補，乃至修改現有的技術，已經行不通了。世界需要的是真正意義上的革新，需要人們去創造在技術及社會方面都能真正創造出新財富的能力。

「創新」一詞未必就是指研究，因為研究只不過是創新的一種工具。它的含意應該是：（1）有系統地拋棄昨天；（2）有系統地尋求創新的機會—在一種技術、一道工序、一個市場的薄弱之處尋求機會，在新知識的萌芽時期尋找機會，在市場的需求與短缺中尋找機會；（3）自覺自願地以企業家精神組織企業活動，以開創一個新的工業，而不是以發明一個新產品或修改一個舊產品為目標。（4）自願在現有的管理結構之外，獨力建立一個開創性的冒險事業。在未來，老牌公司只有把從事創新作為一項獨特的主要副業，只有使自己既保持有系統地拋棄昨天的態度，又具有從事創新所需的財務及管理組織，才能夠成功；或者說，才能生存下去。

人們完全有理由認為，大企業的地位排行將發生很大的變化。即使在最穩定的時期，如從馬歇爾計畫到 70 年代初的 25 年間《幸福》雜誌所列出的 500 家大公司中，大約有一半公司的地位在此期間發生了變化，約有 250 家公司不是完全銷聲匿跡，就是從前列位置上掉了下來。

在急劇變化的年代，經濟上的新陳代謝必然加快。不過，以創新為宗旨的大企業仍將處於有利的地位，因為它們擁有在當前的技術與市場條件下進行創新所需要的人力資源及資本。

建立全新的戰略思惟，洞察未來的發展趨勢

杜拉克認為，「計畫」與「戰略」不同。他說，在以往，「計畫」頗為有效。人們可以著眼當前，安排未來，明日復明日，基本情況大體相同。但是，當面臨嚴峻的挑戰，和極

劇變化的年代，需要人們推測的恰恰是一些非常事件。所謂非常事件，就是指它的結構發生了劇烈變化。非常事件無法立「計畫」，但它們可以預見。或者說，人們可以做好準備，以利用它。人們可以制定出明天的戰略，以預測哪些領域將發生最大的變化，並使企業能充分利用意料之外或無法預料的機會。計畫的目的在於力爭使今天事態的趨勢在明天達到最佳化；而戰略的目的旨在開拓明天的新而不同的機會。

任何組織機構都應該以戰略的眼光思考：

本組織的事業是什麼？本組織應該做些什麼？顧客想從本組織買些什麼？在顧客眼裏，什麼東西有「價值」？本組織的特長是什麼？這些特長是否剛好適合其特定事業的需要？僅有這些特長夠不夠？它們是否已得到有效的利用？本組織目前和今後幾年的「市場」究竟在哪裡？

具有典型性的是，很多企業，甚至很多非盈利的公共服務機構都認為，制定「中庸」的戰略是最舒服、冒險最少，並能獲得足夠盈利的辦法。事實上，他們的這種觀點是錯誤的。在許多市場，只有處在兩個極端的企業才能獲得成功：一是能夠操縱市場的少數領導者；一是某種專家，只提供有限的產品或服務，但在知識、服務及適應本行業的特定要求方面具有獨到之處。中間地位是不理想的，甚至是難以行得通的。

問題或遲或早總是能夠預見的。瞭解並深知企業即將出現的問題，會有很大的好處。但這種瞭解和深知的能力並非只簡單地通過企業的財務分析就能獲得，而是需要一個人在一個有限的領域，通過長期的工作經驗摸索，在一種工業、一種技術或一個市場的競爭中練就一種直覺的素質。

然而，每一種本來「對路」的產品遲早都會變成「不對路」的產品。每種產品也都有一定的壽命，最後總會過時。沒有哪種產品可以指望在20年或40年內一直都很「對路」。一家企業必須經營多種產品，以便於產品的轉型。

所以，戰略決策的關鍵之一是何時以及如何實行產品的多樣化。當單一產品或生產線仍然對路時，如果過早決定產品的轉型，將會危及企業的市場領導地位；而如果等待過久，又可能影響企業的生存。

以效益為準繩，評價和提高管理水平

杜拉克認為，管理效益在很大程度上指的是為企業的未來做好準備。這一點正是衡量管理效益，或者至少是對其進行評價的最重要的依據，尤其在高速發展的時期更是如此。

一家企業的未來將會如何，主要是由當前的四個方面的管理效益構成的。其中任何一個方面都能反映出管理部門的平均水平；在每一方面中，只要管理人一旦瞭解到最高的管理水準，他們就可以大大地提高管理水平。

1. 資本分配效益

目前，衡量一家企業的管理效益，最好的辦法就是將實際的資本分配效益與投資決策時的期望相對照。首先將投資的真實收益與投資決策時的預期收益相比較，然後再把投資對整個企業的收益及獲得所產生的影響與投資決策時的期望相比較。從資本分配決定的結果出發去組織這種反饋是很簡單的。除了最大和最複雜的企業之外，一般不必使用電腦，只用一張大表格就可以了。最重要的因素在於管理人是否願意致力於將決策時的期望付諸實施，在於是否明智、誠實地面對實際的結果。

2. 人事決策效益

專業人員的培養和安置是所有組織管理上的根本問題。

只有解決這個問題，才能保證企業今天的決策在將來結出碩果。所謂決策，尤其是有關未來的決策，就是將現在的經濟資源用於不確定之未來的決定。正因如此，這種決策必然會遇到困難。所以，必須依靠未來的管理人補救現在的決策。然而，在承認人事決策至為關鍵的同時，人們又常常感到它「不可捉摸」。不過，一旦某個人員被安置以後，對於期望他出什麼成績，以及這一任命是否合適，都不是「不可捉摸」的。儘管這兩個問題都不能以定量的方法表示，但對它們進行判斷還是很容易的。換句話說，將有關人事決策的執行情況同原來的期望進行比較，然後加以評價，很容易就能做到。它所需要的僅是一張對照期望以判斷效果的「記分卡」。

3. 創新效益

人們會從一項科研、一次開發、一家新企業或者一項新產品中期望什麼？一年、二年、三年或者五年之後，實際結果又是什麼？人們總是說，科研的結果是不能事先預測、規劃的。但是，它們是可以估量，或者至少是可以評價的；在評價之後，還可以再回過頭與原來的預測及期望進行對比。

這種評價對照的方法也同樣適用於開發工作，比如一家新企業、一種新產品、一個新市場，以及任何創新工作的效益評價。

即使是最能幹的管理部門，在創新方面，最多也只有30%的成功率。或者說，在大約每三次創新試驗中，只有一次能成功。創新必有風險。但是，為什麼有些企業，在產品的引進與開發方面一直比其它大多數公司做得出色得多。這肯定不是靠運氣而另有原因。其中一個原因就是：凡是創新成功率高的企業都重視將它們實際的創新成果與期望進行比較。大多數公司以期望的前景管理創新；而成功率高的創新者則以實際成績的反饋管理創新。

4. 戰略目標的實現程度

最後，管理效益能夠而且應該以經營戰略衡量。戰略預計可能發生的事實際上是否發生？從實際發展的結果看，這些戰略目標是否在企業內部、市場上、經濟領域乃至整個社會又開闢了新的目標？這些目標是否已經達到？以實際的工作績效判斷戰略，需要對期望進行明確的定義和說明，需要在實際工作中組織起能與期望進行對照的反饋。

至於創新，即使是最能幹的企業，在經營戰略上也沒有特別高的成功率，這個數值大約都低於 30%。但是，以壘球作比喻，這些能幹的公司至少知道應該在何時擊球才能擊中。總之，他們知道什麼事他們有能力幹好它，什麼事他們需要改進。

利用傳統文化，改變不良的習慣

提起面對未來，人們馬上就會想到要改變傳統。但是，迎接挑戰，「大破大立」是行不通的。傳統文化是一個企業生存的根基和土壤。這正是跨國公司必須採取「本土化」戰略的原因。

杜拉克認為，改變企業的某些不良行為似乎與改變一種傳統文化並無直接關係。他的觀點是，傳統文化可以保持，而通過具體行為方式的改革就可以改變不良習慣。以日本、德國為例，在 20 世紀 40 年代，日本及德國遭受了有史以來最大的失敗，他們的價值觀、社會制度及文化都蒙受了恥辱。但現在的日本與德國在文化上依舊明顯是日本式和德國式的，不論這種行為或那種行為是如何不一樣。事實上，行為的改變只有在現存「文化」的基礎上才能實現。

傳統文化只能利用，不能改變

日本是一個最好的例子。它是所有非西方國家中惟一成為現代社會的國家。這是由於在100多年前，它的改革者就有意識地使新的「西方化」行為建立在日本的價值觀及傳統文化的基礎之上。現代的日本企業及大學在形式上已完全「西方化」，但它們只是作為一種容器，裏面裝的仍舊是對一個家族社會互相承擔義務並表示忠誠的傳統而絕非西方文化。例如，公司對雇員以及雇員對公司的終身義務；或者以集團方式組織行業，即通過相互依賴和忠誠，將擁有自治權的各家公司看成是古代的「諸侯」，聯結在一起，形成集團。

印度等國家的一些改革者則與此相反，他們認為應該去改變他們國家的文化。這樣做，惟一的結果就是遭到挫折並造成摩擦與混亂。

需要改變的是企業的不良習慣

如果你決定改變習慣，那千萬不要改變文化。但如何才能只改變習慣而不改變文化呢？對此，杜拉克提出了4個步驟。

一、首先要確定需要何種結果，也就是先明確具體目標。舉例說，在醫院的急救室裏，每位病人在到達後一分鐘內應當受到一位合格人員如急救室護士的看護。

二、最重要的步驟是，應該結合確定了的目標，問一問：「在我們自己的系統內部，有哪些方面我們已經做到了？」

芝加哥的馬歇爾．菲爾德是第一批在20世紀70年代陷入困境的大城市高級百貨商店之一，也是率先擺脫困境的一家。連續有幾位總裁都試圖改變自己的文化，但徒勞無益。這時來了一位新總裁，他問道：「從結果來看，我們應該做到什麼？」他的每一位商店經理都知道答案：「我們要讓每一位顧客在每次光顧時所花的錢有所增加。」這時他又問：「我們的商店中有哪一家確實做到這一點嗎？」答案是在30多家商店中有三、四家做到了。「請你說說，」新總裁說：「為了達到你所要求的結果，你們的人是怎麼做的？」

在每一項單獨的事例中，這些結果的取得並非由於做了一些不同的事，而是由於有計劃地做了一些人人都熟知那是應該做的事，並將這些事列入政策指南。

三、接下來就是高層管理人員要確保從組織自身的文化中發展出來的有效行為能夠付諸實施。這意味著，高層管理人員要有系統地一遍又一遍詢問：「我們在最高管理層以及在整個公司中需要做些什麼，才能幫助你們產出我們一致認為的必要成果？」以及「我們做的哪些事會妨礙你們集中精力，取得這些必要的成果？」那些成功者總是能夠設法使陳舊、頑固的組織幹出所需的新鮮事物。他們在每次與同事開會時總是詢問這些問題，並在聽取彙報後馬上採取行動。

四、最後，改變習慣與行為，需要改變對行為的認可及獎勵。一個世紀以來，組織中的人總是傾向於為得到認可及獎勵而行動。當某一機構中的人得到認可時，他們將行動起來，去獲得這項認可。當他們意識到組織會對正確的行為給予獎勵時，他們就接受這一做法。

未來何處好花錢？何處好賺錢？

「未來何處好花錢？何處好賺錢？」杜拉克認為，這個問題非常重要，卻通常更被忽視。他預言，在本世紀的前幾十年內，人們把收入主要花在什麼地方將出現重大的變化。企業能否適應這種變化是迎接未來之挑戰的關鍵。

考慮四個門類的趨勢，發現未來的消費熱點

未來四個增長的門類分別是：政府、醫療、教育和休閒。其中休閒這一類經濟生產力的擴大，也許會超過其它三項的總和。

20 世紀的四個發展門類中，政府也許對消費擁有最大的影響力。這並非因為它是產品和服務的大主顧。除了戰爭時期，再大型的政府，也不過是最邊緣的消費者罷了。但是，已發達國家的政府最主要的經濟功能是把民眾所得的 30 ～ 35％重新分配。大概不可能有任何事情比政府政策的改變，更能夠對民眾的所得分配產生更大的影響了。

健康、教育和休閒三個門類都是產品和服務，也就是物質商品的重要消費者。但是，這些門類都不提供物質產品。

這四個門類都不屬於「自由市場」，不按經濟學的供需原則辦事，對價格不很敏感，經濟學家的模型或經濟理論對它們根本不適用。

但是，整體來說，它們遠超過這些發達國家經濟體的一半。即使在最「資本主義」的經濟體系中也是這樣。

所以，策略上首先要考慮這四個門類的趨勢。未來數十年中，這四個門類一定會產生很大的變化。

政府，作為所得徵收者和重新分配者的傳統角色，杜拉克認為，它本應停止發展。但是，在所有發達國家裏，政府仍然快速運用新而有力的工具，去影響可支配所得的分配。它們制定新的法律控制經濟資源，將之分配到新的目標，例如環保。所以，企業或公司在策略上要把政府列為第一個考慮因素。

相對地，休閒已經「成熟」，並且開始走下坡路。發達國家中，每周工作時間可能已不會再降低了。實際上，有跡

象顯示，工作時間正開始增加，特別是美國和英國。休閒是 20 世紀發展速度僅次於軍火的市場，但已經開始呈現衰落的跡象。

醫療和教育將繼續名列主要的「發展部門」，人口結構保證它會如此。但這兩者都會產生重大的改變：教育將從教育兒童轉為向已受過高等教育的知識工作者提供再教育軌道；醫療方面，每個發達國家的改變會更為劇烈，並且更加快速。

區分三種產業，尋找未來的賺錢之處

這些 20 世紀的發展部門對 21 世紀的產業和其中各機構的策略，無論是企業、大學、教會、醫院，會產生什麼影響呢？

杜拉克指出，要回答這個問題，首先必須確定一個產業是「發展」產業、「成熟」產業，或是「衰退」產業。當產業產品（物品或服務）需求的發展比民眾的所得或人口的增加更快，這就是發展的產業。如果產業的產品需求與民眾的所得和人口增加的速度相等，就是一個「成熟」產業。如果產業的產品需求增加速度比民眾的所得和人口增加的速度慢，即使絕對銷售量不斷增加，也是一個「衰退」的產業。

20 世紀 80 年代前，過去 30 年間，世界上發展最快速、最繁榮的產業並不是資訊業，而是金融服務業。但是，這種在發達國家中為富裕、老化人口的退休預作準備的金融服務，很早以前並不存在。前面所提到的人口結構的改變，是這些新的金融服務業興起的重要原因。

在發達國家，愈來愈多富裕的新中產階級，尤其是那些不靠勞力，而是以服務和知識謀生的人，到 45 或 50 歲時，感覺到現有的退休計畫已不足以支持他們老年的生活，所以到了 45、50 歲，這些人開始尋求能夠保障未來 30 年生活的投資。

這個新興的發展產業，與過去以企業為對象的傳統金融企業，如花旗、摩根或是高盛等「企業銀行」很不一樣。新投資者的主要目的不是賺大錢或做大買賣，而是把他們所存下的僅有的一些錢作為將來退休生活的保障。滿足這個需要的某些機構，如共同基金、退休基金，和一些新的投資公司就相應地蓬勃發展起來。最早，它出現在美國，然後是英國。最後，它愈來愈多地出現在歐洲大陸和日本。

大多數傳統金融「巨人」卻未瞭解「金融服務」的真正含義已經改變了。他們只看到「金融」在發達國家的可支配所得中佔據了愈來愈大的比例，因而加速拓展傳統上對企業的服務。但傳統的金融服務，如大型企業的借貸、股票上市並沒有發展。實際上是逐漸萎縮，甚至萎縮得非常快。因為傳統金融服務的主要對象是大型企業，但每個發達國家（甚至日本），六七十年代時發展的實際上是中型企業，而大型企業持續減少。這些中型企業並不是大型「企業銀行」服務的對象。

結果，這些傳統的金融巨人演繹成全球性過度擴張。傳統的金融服務獲利愈來愈低，一方面因為客戶愈來愈少，另一方面因為競爭愈趨激烈，利潤幾乎消失。這些大型金融巨人（美國、日本、英國、德國、法國、瑞士）都轉而為自己投資，即大膽投機，以支撐龐大的人事費用。幾世紀以來金融史上的教訓告訴我們，這樣的做法只會導致惟一的必然結果：慘重的失敗。誤判金融服務趨勢所導致的損失，引發了亞洲的金融危機。

即使出現這種危機，新型的消費金融和新的投資者還是會不斷增加。這個趨勢至少會持續到發達國家的退休制度足以應對新的人口結構為止。

又比如，眾所周知，資訊產業是所有發達國家中發展最快的企業。即使在第三世界，它也比人口增加得更快。過去只要聽到「資訊」一詞，我們就會想到「電子」或「電腦」。但是，在所有的發達國家，圖書的出版與銷售至少與新的電子業發展得一樣快。全球頂尖出版公司的發展也許比不上頂尖電子公司如英代爾、微軟或德國的思愛普，但以整個產業來說，出版比資訊發展得更快，而且獲利可能更大。美國是世界上最大、發展最快速的圖書市場，但它自己的出版商沒有看到這一點，許多出版公司是由非美國人所擁有。這些公司在美國之外的圖書市場，與在美國、日本或歐洲發展得一樣快，並位居領導地位。

不管是商業性或非商業性產業，必須看它們是發展產業、成熟產業，還是衰退產業，再以不同的方式進行管理。

對發展產業應該充分利用。它需要在創新上領先，並且經營者必須富於冒險精神。

若是成熟產業，則必須在非常有限但關鍵的領域中佔有領導地位。尤其是能夠利用先進科技或品質優勢，以較低的成本滿足需求的領域。它需要彈性，並能因應快速的變化。成熟產業必須能夠在滿足顧客需求的各種方式之間快速轉換。因此，它需要結盟、合作、共同投資，很快地完成這種轉換。

製藥業就是一個例子：自從第二次世界大戰前發明磺胺類藥物和抗生素之後，製藥業直到最近，一直是發展產業。到了 20 世紀九十年代，它已轉變為成熟產業。這表示它很可能會有很快而突然的變化以滿足原有的需求，例如由化學藥品到基因、生化、醫療電子，甚至是「替代醫學」。

對於逐漸式微的產業，最重要的就是持續有系統、有目標地降低成本，並且不斷地改進品質和服務。要想辦法強化企業的地位，而不是獲取銷售量的增加，因為產量的增加只從別人的減少而來。在衰退產業裏，愈來愈難建立具有特點的產品區分。一個日漸式微的產業，其產品很不容易變成「商品」。

放棄保護主義，使企業在全球競爭中成長壯大

杜拉克指出，面對未來的挑戰，企業在全球性經濟競爭環境中猶如逆水行舟，不進則退。因此，所有的企業都必須把提高全球性競爭力當作戰略上的目標。

舊有的發展模式不再有效

企業不能再依賴廉價的勞動力賺錢，不論勞動力成本如何低微。企業，除了很小或完全地方性的公司，比如一家餐館之外，只有盡快取得與世界頂尖同業同等水準的生產力，才可能繼續生存，甚或繁榮、發展。比如大多數發達國家的製造業中，人工成本的影響力愈來愈小，只占總成本的 1/8 或更低。勞動力的生產力低落必然威脅一家公司的生存，而由廉價勞動力所獲得的利益已不足以彌補低下的生產力。

這也意味著，日本在 1955 年所採用，韓國和泰國也都成功地加以模仿的20世紀的經濟發展模式已經不再適用了。

即使新興國家仍有充足的非技術工人，從今以後，它們的發展仍然需要仰賴科技上的領先，或是生產力與世界頂尖者同步，甚至更勝一籌。

在其它領域，諸如設計、市場、金融、創新等，也都如此。即使成本很低，或政府的補貼很高，如果績效低於全世界的最高標準，仍然會阻礙企業的發展。不管關稅多高，或是進口配額限制多低，「保護主義」已經不再能產生作用了。

出路在於向最高標準看齊

未來幾十年內，我們很可能還是會碰到世界各國的保護主義風潮。一般人遇到衝擊，第一個反應就是築起自己的堡壘，把冷風關在外面。但這樣的牆不能再保護一些無法與世界標準相提並論的企業。保護主義只會使它們更不堪一擊。

墨西哥是最好的例子。從 1929 年開始，50 年間，它刻意制定一種保護政策，將本國經濟完全獨立於外面的世界。它不僅用保護主義的高牆把外國的競爭排除在外，甚至不准本國公司將產品外銷。

在 20 世紀，墨西哥的這種閉關鎖國政策可說獨一無二。這種要建立一個現代但「純」墨西哥經濟的嘗試，結果一敗塗地。實際上，無論食物或是加工製品，都愈來愈依賴進口。最後，因為負擔不起所需要的進口產品價格，只好向外面的世界開放。結果許多墨西哥工業根本不能生存。

同樣，日本也嘗試保護自己的大部分企業和產業，把外國企業拒絕在外。它建立為數不多但極具競爭力的出口企業，然後提供它們非常低或無息的資本，使它們享有很大的競爭優勢。但這樣的政策也失敗了。1999 年日本的危機主要是因為它的企業和產業（尤其是金融業）在全球市場沒有競爭力。

所以，制定應對未來的挑戰策略必須接受一個新的根本現實：任何企業，必須以世界上頂尖同業的標準衡量自己。

運用創新經營之道

創新是企業不斷發展壯大的力量之源。面臨未來嚴峻的挑戰，根本的出路就是創新。面對變化，惟有創新。能否創新經營已經成了衡量成功管理的最終標準。

面對未來的挑戰，一個最有效的措施就是「創新」。無論大公司或小公司，也無論新公司或舊公司，如果你能將其改造成一家創新性的公司，那你就找到了通向未來的途徑。

人們普遍認為，大規模的公司無法進行創新。這種見解是完全不對的。默克公司、花旗銀行及明尼蘇達採礦製造公司就是高度創新性巨型公司的三個例子。但有一點是正確的，那就是一家公司若要成功地進行創新，就不能像一般「經營良好的」企業那樣經營，必須進行創新經營。

將創新思惟的胚胎培育成熟

要進行創新經營，必須知道創新開始於一種思想。思想類似於嬰兒，剛誕生時很小，不成熟，還沒有定型。它們僅僅是有可能實現，而並非已經實現。管理人不應該對新思路說：「這是一種極其愚蠢的想法！」而必須提出這樣的問題：「為了使這個胚胎樣的，不成熟又愚笨的想法變成有意義且可行的機會，我們應該做些什麼工作？」

但是，也必須看到絕大部分創新性思想不會產生有意義的結果。創新性思想就好像青蛙卵一樣，孵化 1000 個，只能成熟一兩個。因而，創新性企業的管理人會要求那些具有創新思想的人員仔細思考一下，為了將創新思想變成一種產品、一種生產程序、一項業務或者一種工藝技術，需要進行哪些工作。他們會問：「在我們公司實施你的這項創新思想之前，我們必須做些什麼工作？必須尋求、學習些什麼？」

這些管理人知道，將一項小的創新思想成功地付諸實施，與實現一項大的創新一樣困難而充滿風險。他們的目標不在於「改進」、「修訂」產品或工藝，而在於開創一項新的業務。他們還知道，「創新」這個詞不是科學家或技術人員的用語，而是實業家的用語。

創新就意味著為顧客創造出一種新的價值觀。因此，企業並非從科學或技術之重要性的角度衡量創新，而是從對市場及顧客所做之貢獻的角度衡量它們。他們認為，社會創新與技術創新一樣重要。例如發明分期付款銷售，對經濟及市場的影響可能大於 20 世紀中絕大多數重大的技術進步。

一項成功實現的新思想，其最大的市場往往是非原先所預期的。艾爾弗雷德·諾貝爾在研製爆炸力極其猛烈的達那炸藥時，本來是想發明一種更好的軍事炸藥。但達那炸藥過於不穩定，以致無法用於炸彈及炮彈，而被用於炸開岩石，並在採礦、修建鐵路及建築中代替鎬、鍬、鏟子。國際商用機器公司原來設計電腦時是想用於科學與國防，但後來發現對之需求最大的是計算工資、結算賬單及控制存貨這樣一些工商業上的用途。於是它就把重心轉移到這方面並取得很大的發展。

創新經營最忌急功近利

要實施創新經營，對待創新應捨得投入。那麼，到底要投入多少？也就是說，需要怎樣做「預算」呢？

一開始必須首先確定，為了維持原有的業務規模，需要進行多少創新工作。假定現有的全部產品、業務、生產程序及市場都正在變得陳舊，而且是以很快的速度。估計一下現存事物變得陳舊的可能速度，然後確定為了使公司不走下坡路，需要通過創新填補的「缺口」。

創新工作計畫中所包括的可能實現的創新應數倍於創新缺口的規模，因為可能實現的創新中充其量只有三分之一能夠成為現實。然後才能確定至少應該進行多少創新工作，從而也就確定了創新的預算應該多大。

「但是，我接著將這種創新工作及創新預算的數量再翻一番。因為我們的競爭者決不會比我們笨，而很可能更聰明些。」一家非常成功的創新性公司的總經理這樣說。

聰明的公司主管知道，產生創新的並非金錢，而是人。他們很瞭解，在創新性工作中，質量比數量重要得多。除非有第一流的人員從事創新工作，他們不亂花一分錢。成功的創新工作在早期的關鍵階段很少需要大量的資金，卻需要一批很有才幹的人獻身於這項工作，幹勁十足，全力以赴，刻苦努力。這些公司所支持的始終是這樣一個人或者一批人，而非一個「方案」，直至創新性思想被證實為止。

但是，這些組織也知道，大多數的創新性思想，不論它們如何才氣煥發，也不可能帶來「成果」。因此，它們在計畫、預算、期望及控制等方面，對待創新性工作遠遠不同於對待現有的經營中之企業的方式。

創新性公司通常有兩個獨立的預算：一個是經營的預算，一個是創新的預算。經營的預算包括已經在做的所有事情。創新預算包括要用不同的方式做的事情以及準備要做的新事情。經營預算包括幾百頁，即使中型公司也是如此；而創新預算，即便在大型企業中，也很少超過四五十頁。但高層管理人在這 50 頁的創新預算上所花的時間與花在 500 頁的經營預算上的時間一樣多，而且通常更多一些。

高層管理人對每一種預算所提出的問題有所不同。對經營預算提出的問題是：「為了使事情不至於垮下來，至少需要做哪些工作？」「為了使投入及產出的比例最佳，至少應投入多少努力？即最優化的平衡點在何處？」而對創新預算提出的問題是：「這是恰當的機會嗎？」如果答案是肯定的，接著問：「在現有的資源條件下，它所能提供的最大限度是什麼？」

還要看到，創新工作的收益與經營中之企業的收益大不相同。在相當長的一段時間內，很多情況下，長達好多年，創新工作只有成本而無「收益」。而當它產生收益時，那就應該是成本的好多倍。如果一項創新工作的收益達不到投資的幾百倍，就不能說這項創新是成功的。因為它所冒的風險太大了，所以收益決不可以過低。

「健全的財務經理」，它的標準是穩定的10％投資回報率和10％增長率。不過，如果以此要求創新性工作，則是愚蠢的。這種要求對於創新初期顯然過高。但對於長期，又過低了。所以，不要把經營中企業的投資回報率指標應用於創新性工作。

最早的一條規則也許是杜邦公司在20世紀20年代時提出的：「除非新產品或新業務已經投入市場兩、三年並度過了嬰兒期，否則，就不要把它們列入企業的經營指標。」

對創新工作實施嚴密的控制

對創新工作必須進行嚴密的控制。在進行創新經營的公司中，人們聽不到關於「創造性」的談論，因為「創造性」是那些並不進行創新工作之人的流行語。他們所談論的是工作與自我約束。他們提出這樣的問題：「我們對這項方案進行檢查的下一個控制點在何處？那時我們應該有哪些預期的成果？在何時進行檢查？」如果一項創新思想接連兩三次未能實現目標，創新性公司並不說：「讓我們加倍努力！」而說：「我們是否應該轉而幹其它事了？」

尤其重要的是，創新經營的公司會主動放棄自己過多的陳舊且不再具有生產力的事物。它從來不認為「作工精良的馬車鞭子總會有市場」。它知道，凡是人所創造的東西，早晚都會陳舊，而且往往很快就會陳舊。它寧願自己放棄已經陳舊的產品，也不願讓競爭淘汰掉。

一種可行的辦法是：當某種產品或業務還能提供利潤時，只對其加以維持而不再注入新的資源。或者，像日本人以前所擅長的那樣，為舊的工藝技術或產品尋找一種新而有競爭優勢的用途與市場。否則就予以放棄。人們不會把白花花的錢投到無用的地方。對一個組織而言，系統地放棄陳舊事物是使其人員將目光及精力集中於創新的一種可靠途徑。

杜拉克認為，現在，我們顯然面臨一個時期，在此時期內，創新的要求與機會比我們記憶中的其它任何時期都更大。新的技術創新或社會創新將立刻醞釀成新的產業部門。電信、以微處理機為中心的生產程序自動化、「自動化辦公室」、銀行與金融方面的迅速變革、醫學、生物合成、生物工程、生物物理，這些只是正高速進行變革及創新的領域中的一小部分。為了在這樣的環境中進行競爭，任何一家公司都必須積聚起大量的資金用於研究。即使在嚴重不景氣時期也如此。但最需要的是創新性組織的態度、政策及實踐。

最後，人們公認的世紀管理之父彼得・杜拉克，雖說是位管理學者，但卻正學院派人士格格不入，他說：「寫作是我的職業，咨詢是我的實驗室。」他的研究包括管理學、政治學、社會學等等，這使得他的作品視野無限寬廣以及恒久的穿透力……

附錄

關於彼得・杜拉克

1909年11月19日，彼得・杜拉克出生於奧匈帝國統治下的維也納，祖籍荷蘭。其家族在17世紀時就從事書籍出版工作。父親是奧國負責文化事務的官員，曾創辦薩爾斯堡音樂節；他的母親是奧國率先學習醫科的婦女之一。杜拉克從小生長在富裕文化的環境之中。

杜拉克先後在奧地利和德國受教育，1929年後在倫敦任新聞記者和國際銀行的經濟學家。於1931年獲法蘭克福大學法學博士。

1937年移民美國，曾在一些銀行、保險公司和跨國公司任經濟學家與管理顧問，1943年加入美國籍。杜拉克曾在貝南頓學院任哲學教授和政治學教授，並在紐約大學研究生院擔任了20多年的管理學教授。儘管被稱為「現代管理學之父」，但杜拉克一直認為自己首先是一名作家和老師。

1942年，受聘為當時世界最大企業──通用汽車公司的顧問，對公司的內部管理結構進行研究。

1946年，將心得寫成《公司概念》，「講述擁有不同技能和知識的人在一個大型組織裡怎樣分工合作」。該書的重要貢獻還在於，杜拉克首次提出「組織」的概念，並且奠定了組織學的基礎。

1954年，出版《管理的實踐》，提出了一個具有劃時代意義的概念──目標管理。從此將管理學開創成為一門學科，從而奠定管理大師的地位。

1966年，出版《卓有成效的管理者》，告知讀者：不是只有管理別人的人才稱得上是管理者，在當今知識社會中，知識工作者即為管理者，管理者的工作必須卓有成效。成為高級管理者必讀的經典之作。

1973年，出版巨著《管理：任務，責任，實踐》，是一本給企業經營者的系統化管理手冊，為學習管理學的學生提供的系統化教科書，告訴管理人員付諸實踐的是管理學而不是經濟學，不是計量方法，不是行為科學。該書被譽為「管理學」的「聖經」。

1982年，出版《巨變時代的管理》，探討了有關管理者的一些問題，管理者角色內涵的變化，他們的任務和使命，面臨的問題和機遇，以及他們的發展趨勢。

1985年，出版《創新與企業家精神》，被譽為《管理的實踐》推出後杜拉克最重要的著作之一，全書強調當前的經濟已由「管理的經濟」轉變為「創新的經濟」。

1999年，出版《21世紀的管理挑戰》，杜拉克將「新經濟」的挑戰清楚地定義為：提高知識工作的生產力。

在歐洲經歷了二戰的殘酷，並目睹了美國在兩次世界大戰中的作用，杜拉克感到那些優秀的領導者才是那個世紀的英雄。杜拉克在他那本發人深省的自傳《旁觀者的冒險》中寫道：「我和其他維也納的小孩一樣，都是胡佛總統救活的。他推動成立的救濟組織，提供學校每天一頓午餐。這頓午餐的菜式，清一色是麥片粥與可哥粉沖泡的飲料，直到今天我仍然對這兩樣東西倒胃口。不過整個歐洲大陸，當然也包括我在內的數百萬饑餓孩童的性命，都是這個組織救活的。」一個「組織」居然能發揮這麼大的功用！從杜拉克活生生的經歷中，我們不難發現，杜拉克強調「透過組織這種工具，儘量發揮人類創造力」觀念的根源。

此外，杜拉克在預測商業和經濟的變化趨勢方面顯示出了驚人的天賦。例如，早在1969年杜拉克就預言將有一種新的類型的勞動者出現———知識員工，他們的職業將由自己所學的知識來決定，不再依靠出賣體力來養家糊口。1987年10月，美國股市大崩盤。僅10月19日一天，美國全國損失股票市值5000億美元。對此，杜拉克說，他早就預料到了，「不是因為經濟上的原因，而是基於審美和道德。」杜拉克將當時的華爾街股票經紀人稱為「完全不具有生產力的一群，但又能很輕易地大把撈錢。」

作為第一個提出「管理學」概念的人，當今世界，很難找到一個比杜拉克更能引領時代的思考者：1950年代初，指出電腦終將徹底改變商業；1961年，提醒美國應關注日本工業的崛起；20年後，又是他首先警告這個東亞國家可能陷入經濟滯脹；1990年代，率先對「知識經濟」進行了闡釋。

杜拉克著書和授課未曾間斷，自1971年起，一直任教於克萊蒙特大學的彼得·杜拉克管理研究生院。為紀念其在管理領域的傑出貢獻，克萊蒙特大學的管理研究院以他的名字命名。1990年，為提高非營利組織的績效，由法蘭西斯·赫塞爾本等人發起，以杜拉克的聲望，在美國成立了「杜拉克非營利基金會」。該基金會十餘年來選拔優秀的非營利組織，舉辦研討會、出版教材、書籍及刊物多種，對社會造成巨大影響。

杜拉克至今已出版超過30本書籍，被翻譯成30多種文字，傳播及130多個國家，甚至在前蘇聯、波蘭、南斯拉夫、捷克等國也極為暢銷。其中最受推崇的是他的原則概念及發明，包括：「將管理學開創成為一門學科、目標管理與自我控制是管理哲學、組織的目的是為了創造和滿足顧客、企業的基本功能是行銷與創新、高層管理者在企業策略中的角色、成效比效率更重要、分權化、民營化、知識工作者的興起、以知識和資訊為基礎的社會。」

2002年6月20日，美國總統喬治・布希宣佈彼得・杜拉克成為當年的「總統自由勳章」的獲得者，這是美國公民所能獲得的最高榮譽。

無論是英特爾公司創始人安迪・格魯夫，微軟董事長比爾・蓋茨，還是通用電氣公司前CEO傑克・威爾許，他們在管理思想和管理實踐方面都受到了杜拉克的啟發和影響。「假如世界上果真有所謂大師中的大師，那個人的名字，必定是彼得・杜拉克」——這是著名財經雜誌《經濟學人》對彼得・杜拉克的評價。

2005年11月11日，杜拉克在美國加州克萊蒙特家中逝世，享年95歲。

提出「目標管理」的概念

1954年，杜拉克提出了一個具有劃時代意義的概念——目標管理（Management By Objectives，簡稱為MBO)，它是杜拉克所發明的最重要、最有影響的概念，並已成為當代管理學的重要組成部分。

目標管理的最大優點也許是它使得一位經理人能控制自己的成就。自我控制意味著更強的激勵：一種要做得最好而不是敷衍了事的願望。它意味著更高的成就目標和更廣闊的眼界。目標管理的主要貢獻之一就是它使得我們能用自我控制的管理來代替由別人統治的管理。

管理學的真諦

「管理是一門學科，這首先就意味著，管理人員付諸實踐的是管理學而不是經濟學，不是計量方法，不是行為科學。無論是經濟學、計量方法還是行為科學都只是管理人員的工具。但是，管理人員付諸實踐的並不是經濟學，正好像一個醫生付諸實踐的並不是驗血那樣。管理人員付諸實踐的並不是行為科學，正好像一位生物學家付諸實踐的並不是顯微鏡那樣。管理人員付諸實踐的並不是計量方法，正好像一位律師付諸實踐的並不是判例那樣。管理人員付諸實踐的是管理學。」

管理要解決的問題有90%是共同的

杜拉克認為：管理在不同的組織裡會有一些差異。因為使命決定遠景，遠景決定結構。管理沃爾瑪（Wal-Mart）和管理羅馬天主教堂當然有所不同，其差異在於，各組織所使用的名詞（語言）有所不同。其他的差異主要是在應用上而不是在原則上。所有組織的管理者，都要面對決策，要做人事決策，而人的問題幾乎是一樣的。所有組織的管理者都面對溝通問題，管理者要花大量的時間與上司和下屬進行溝通。在所有組織中，90%左右的問題是共同的，不同的只有10%。只有這10%需要適應這個組織特定的使命、特定的文化和特定語言。換言之，一個成功的企業領導人同樣能領導好一家非營利機構，反之亦然。

培養經理人的重要性

杜拉克認為：經理人是企業中最昂貴的資源，而且也是折舊最快、最需要經常補充的一種資源。建立一支管理隊伍需要多年的時間和極大的投入，但徹底搞垮它可能不用費多大勁兒。21世紀，經理人的人數必將不斷增加；培養一位經理人所需的投資也必將不斷增加。與此同時，企業對其經理人的要求也將不斷提高。

企業的目標能否達到，取決於經理人管理的好壞，也取決於如何管理經理人。而且，企業對其員工的管理如何，對其工作的管理如何，主要也取決於經理人的管理及如何管理經理人。企業員工的態度所反映的，首先是其管理層的態度。企業員工的態度，正是管理層的能力與結構的一面鏡子。員工的工作是否有成效，在很大程度上取決於他被管理的方式。

組織的目的是使平凡的人做出不平凡的事

彼得・杜拉克認為：組織的目的是使平凡的人做出不平凡的事。

組織不能依賴于天才。因為天才稀少如鳳毛麟角。考察一個組織是否優秀，要看其能否使平常人取得比他們看來所能取得的更好的績效，能否使其成員的長處都發揮出來，並利用每個人的長處來幫助其他人取得績效。組織的任務還在於使其成員的缺點相抵消。

杜拉克的「五項主要習慣」是領導特質論

杜拉克指出，有效的管理者具有不同的類型，缺少有效性的管理者也同樣有不同類型。因此，有效的管理者與無效的管理者之間，在類型方面、性格方面及才智方面，是很難加以區別的。有效性是一種後天的習慣，既然是一種習慣，便可以學會，而且必須靠學習才能獲得。他認為一個優秀的管理者必須具備以下五項主要習慣。

1、善於利用有限的時間

他認為，時間是最稀有的資源，絲毫沒有彈性，無法調節、無法貯存、無法替代。時間一去不復返，因而永遠是最短缺的。而任何工作又都要耗費時間，因此，一個有效的管理者最顯著的特點就在於珍惜並善於利用有限的時間。這包括三個步驟：記錄自己的時間，管理自己的時間，集中自己的時間，減少非生產性工作所佔用的時間。這是管理的有效性的基礎。

2、注重貢獻和工作績效

重視貢獻是有效性的關鍵。「貢獻」是指對外界、社會和服務物件的貢獻。一個單位，無論是工商企業、政府部門，還是醫療衛生單位，只有重視貢獻，才會凡事想到顧客、想到服務物件、想到病人，其所作所為都考慮是否為服務物件盡了最大的努力。有效的管理者重視組織成員的貢獻，並以取得整體的績效為己任。

每一個組織都必須有三個主要方面的績效：直接成果、價值的實現和未來的人才開發。企業的直接成果是銷售額和利潤，醫院的直接成果是治好病人；價值的實現指的是社會效益，如企業應為社會提供最好的商品和服務；未來的人才開發可以保證企業後繼有人。一個組織如果僅能維持今天的成就，而忽視明天，那它必將喪失其適應能力，不能在變動的明天生存。

3、善於發揮人之所長

杜拉克認為，有效的管理者應注重用人之長處，而不介意其缺點。對人從來不問「他能跟我合得來嗎？」而問「他貢獻了些什麼？」也不問「他不能做什麼？」而問：「他能做些什麼？」有效的管理者擇人任事和升遷，都以一個人能做些什麼為基礎。

4、集中精力於少數主要領域，建立有效的工作秩序

他認為，有效性的秘訣在於「專心」，有效的管理者做事必「先其所當先」，而且「專一不二」。因為要做的事很多，而時間畢竟有限，而且總有許多時間非本人所能控制。因此，有效的管理者要善於設計有效的工作秩序，為自己設計優先秩序，並集中精力堅持這種秩序。

5、有效的決策

他認為，管理者的任務繁多，「決策」是管理者特有的任務。有效的管理者，做的是有效的決策。決策是一套系統化的程式，有明確的要素和一定的步驟。一項有效的決策必然是在「議論紛紛」的基礎上做成的，而不是在「眾口一詞」的基礎上做成的。有效的管理者並不做太多的決策，而做出的決策都是重大的決策。

作為「現代管理之父」，彼得・杜拉克的思想幾乎涉及了管理學的方方面面，現在我們熟知的許多管理理論的概念都是他最先提出來的，如行銷、目標管理和知識工作者等。市場行銷學的權威菲利普・科特勒說：「如果人們說我是行銷管理之父，那麼杜拉克就是行銷管理的祖父了。」